■インターネットで閲覧できる地質図

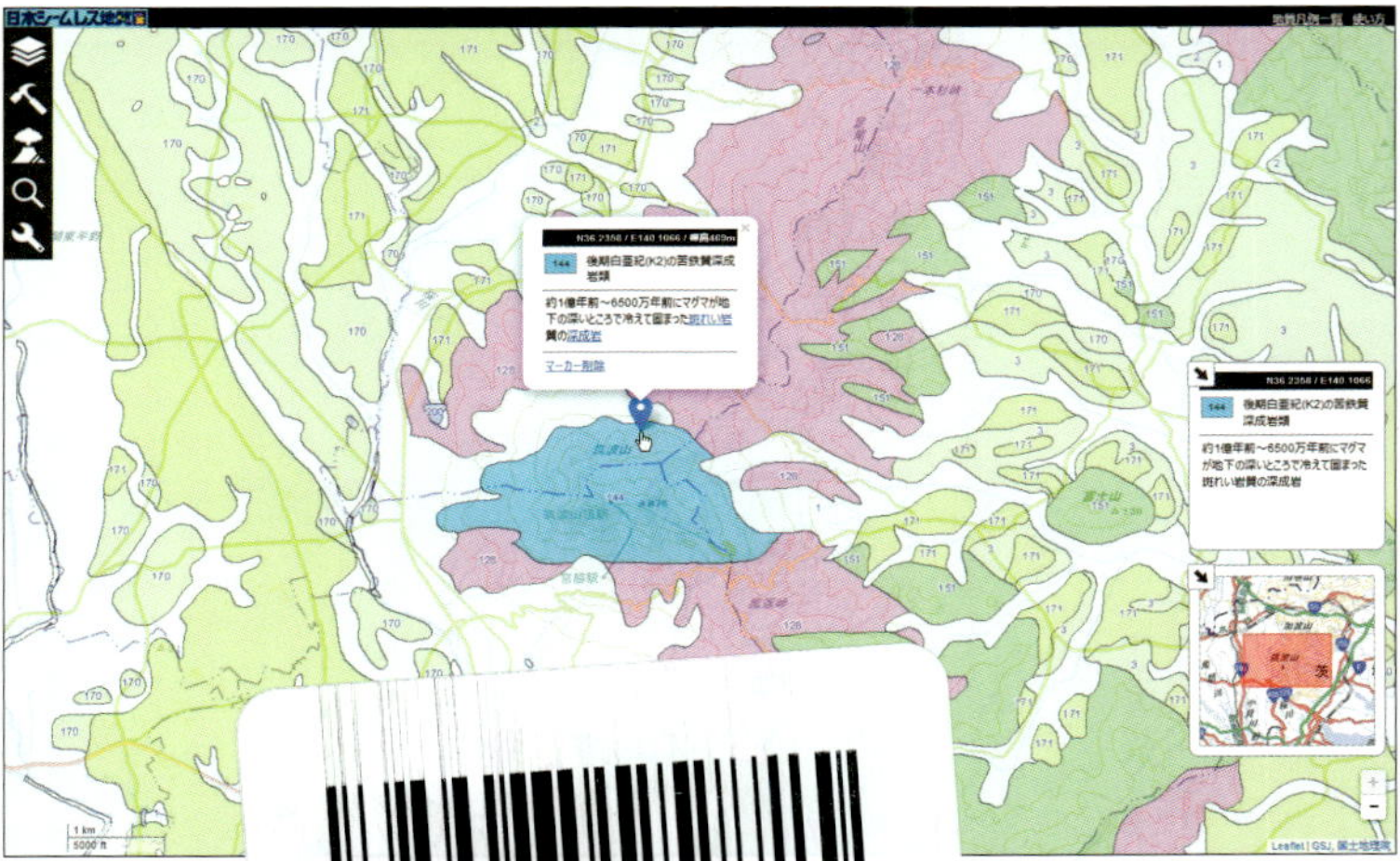

20 万分の 1 シ… を透過させて表示。任意の場所をクリッ… る（産総研地質調査総合センター ,20 万分の 1 日本… 月 29 日）,https://gbank.gsj.jp/seamless/ ）

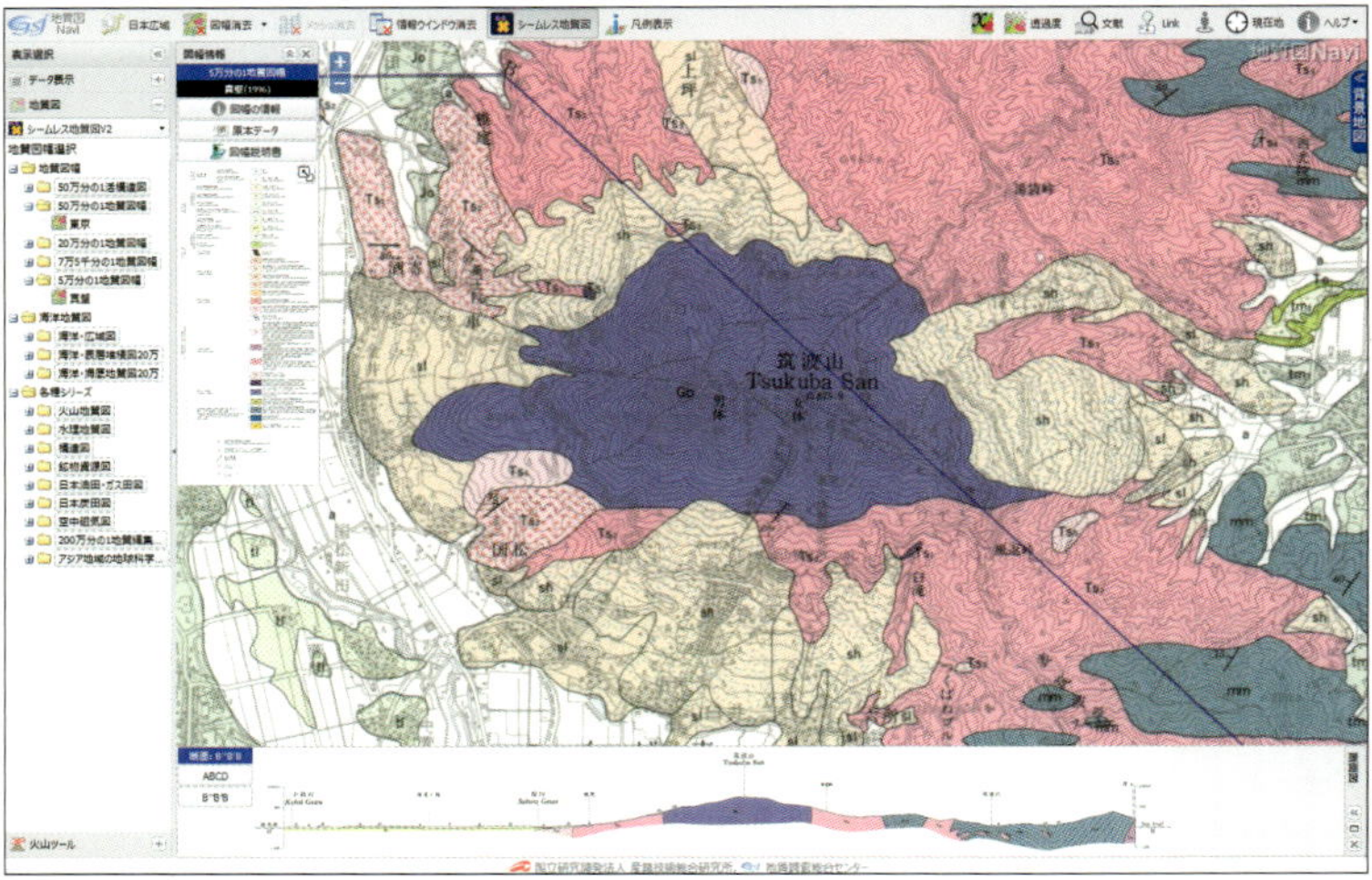

地質図 Navi で「5 万分の 1 真壁」を表示（一部）。さまざまなスケールの図幅を表示できる。別画面で凡例が表示される（政府標準利用規約（第 2.0 版）により引用）

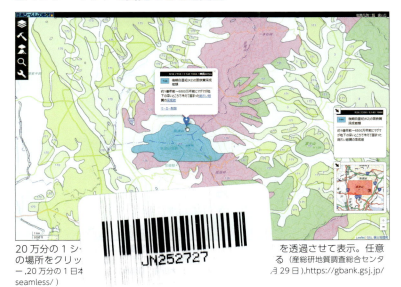

北米プレート
カリブプレート
フィリピン海プレート
ココスプレート
太平洋プレート
南米プレート
ナスカプレート
スコシアプレート

■世界の主要なプレート

それぞれのプレートは、それぞれ移動する方向がほぼ決まっている。日本列島は、北米プレート・太平洋プレート・フィリピン海プレート・ユーラシアプレートの境界付近にある

■プレートの沈み込みと付加体

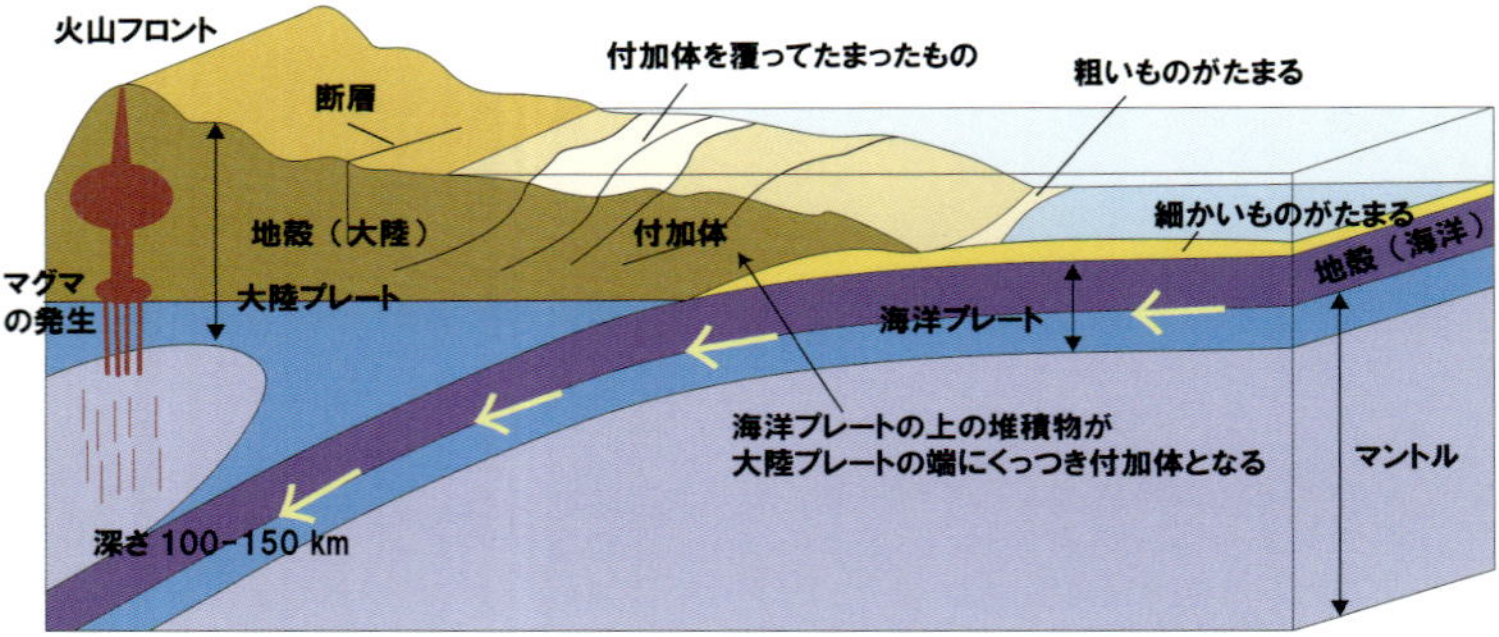

海洋プレートが大陸プレートの下に沈み込むとき、海洋プレート上の堆積物などがこすり取られるように大陸側に押しつけられていく。これを付加体という。さらに沈み込んだ先で、融解したプレートの一部がマグマとなって地上方向に動く（斎藤 眞・下司 信夫・渡辺 真人・北中 康文『日本の地形・地質ー見てみたい大地の風景』（文一総合出版、2012）を参考に作図）

■地球の内部構造

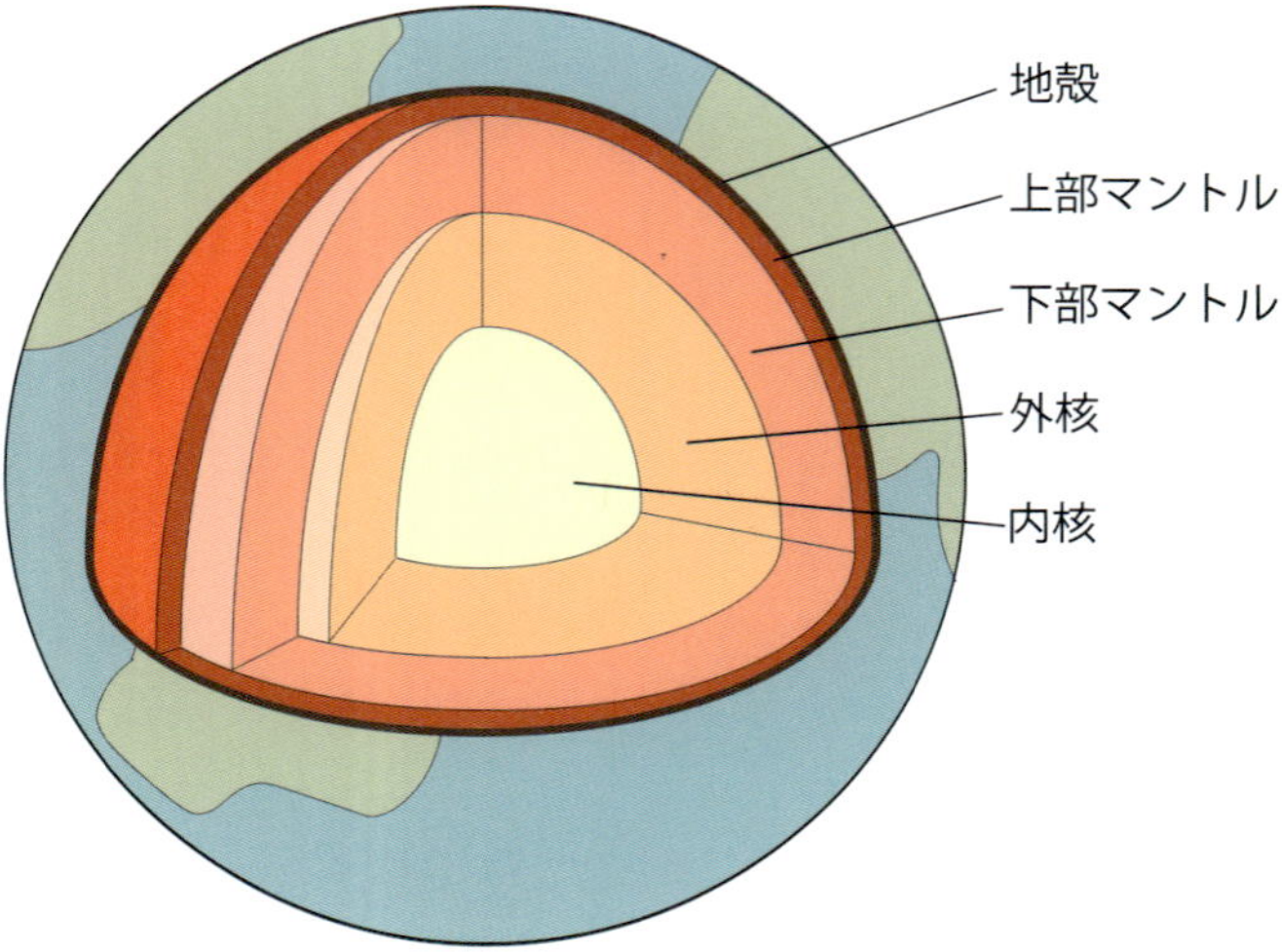

地球の半径約 6400km、核は半径約 3500km、プレートの厚みは地殻と上部マントルの一部を合わせた約 100km、上部マントルと下部マントルの境界は深度約 670km、下部マントルと外核の境界が深度約 2900km、外核と内核の境界が深度約 5100km

地質学でわかる！

恐竜と化石が教えてくれる世界の成り立ち

芝原暁彦
Akihiko Shibahara

JIPPI Compact

実業之日本社

はじめに

岩石、地層、そして化石は、数十億年をかけて蓄積された自然のビッグデータであり、地球が作り出した巨大な情報アーカイブだ。

岩石の産地や時代ごとに情報の密度は違い、記録が断片化されていることも多いが、研究者たちはそれらを根気強く分析し、繋ぎ合わせることで地球の歴史を復元してきた。そして今日、年代測定や化石の形状解析などの分析技術が飛躍的に向上したため、これらの情報をより細かく分析することが可能となってきている。こうした研究を扱う分野が「地質学」あるいは「地球科学」である。

地質を構成する要素は化石、岩石、鉱物、火山など多岐に渡る。教科書や図鑑で目にするこれらの言葉は、決して遠い世界のものではなく、我々のすぐ身近に存在している。たとえば普段生活している地面のアスファルトや土壌の下には天然の岩石や地層が存在している。岩石や地層はマグマが固結したもの、火山から噴出したもの、あるいは生物の活動がもたらしたものなど、その起源は様々である。台地や低地、丘陵、そして山々の地形もすべて地質現象が作り出したものだ。こうした身近な現象と遠大な地球史とを結び付けてくれる場所、それが博物館である。

この本では、筆者が茨城県つくば市にある地質標本館という博物館に2011年から2017年まで学芸員として勤務していた際、来館者の皆様からいただいた地質に関するご質問の中で、特に数が多かったもの、あるいは印象的だったものに沿って、各テーマをまとめてみた。

また地質学や古生物学の新しい研究手法、例えば無人航空機による地形計測や、三次元スキャナによる化石の3Dデータ化の動向についても可能な限り記載した。

それではいよいよ、地球46億年のバーチャルツアーに出発してみよう。

芝原暁彦

＊本書では、地質標本館が所属する国立研究開発法人産業技術総合研究所（以下、産総研）の地質調査総合センター（Geological Survey of Japan, 以下ＧＳＪ）が公開している研究資料を、政府標準利用規約（第2.0版）にもとづき引用した。また地質標本館が所蔵する数々の化石や鉱石の写真も、登録標本番号と合わせて掲載した。つくば市にお越しの際は、ぜひ実物の標本をお楽しみいただきたい。

◉目次

第2章 化石が教えてくれる、地面と地球のこと

第3章

火山が教えてくれる、地面と地球のこと

第4章

地面を構成するものを観察してみよう

第５章 「地質学」をもっと知りたい！

第６章 実は身近で大切な地質学

装丁／杉本欣右
カバー・帯写真／ pixelchaos / siiixth / tricera / NOBU /
sorariku / PIXTA
DTP ／ Lush!
イラスト（巻頭カラー、P.81・85・115）／空想技術研究所　芝原三恵子
企画・編集／磯部祥行（実業之日本社）

第１章

「恐竜の化石」から考える、東京と世界の生い立ち

東京で発見された化石が語る、東京の生い立ち

vol.1

トウキョウホタテとその産状。右写真は千葉県木更津市（写真提供者：産業技術総合研究所　中島礼氏）

皆さんは**トウキョウホタテ**と呼ばれる化石をご存じだろうか。専門的に言えば軟体動物門二枚貝綱イタヤガイ科に属する二枚貝である。学名は *Mizuhopecten tokyoensis*（ミズホペクテン・トウキョウエンシス）といい、学名にも産地である東京の文字が入っている。この生物は新生代新第三紀の鮮新世《せんしんせい》後期から第四紀更新世《こうしんせい》後期（P.127参照）の海に栄えた化石種、つまり現在は絶滅している生物である。その名の通りホタテガイに似ているが別種であり、東京だけでなく日本各地で発見され、台湾でも見つかっている。**日本地質学**

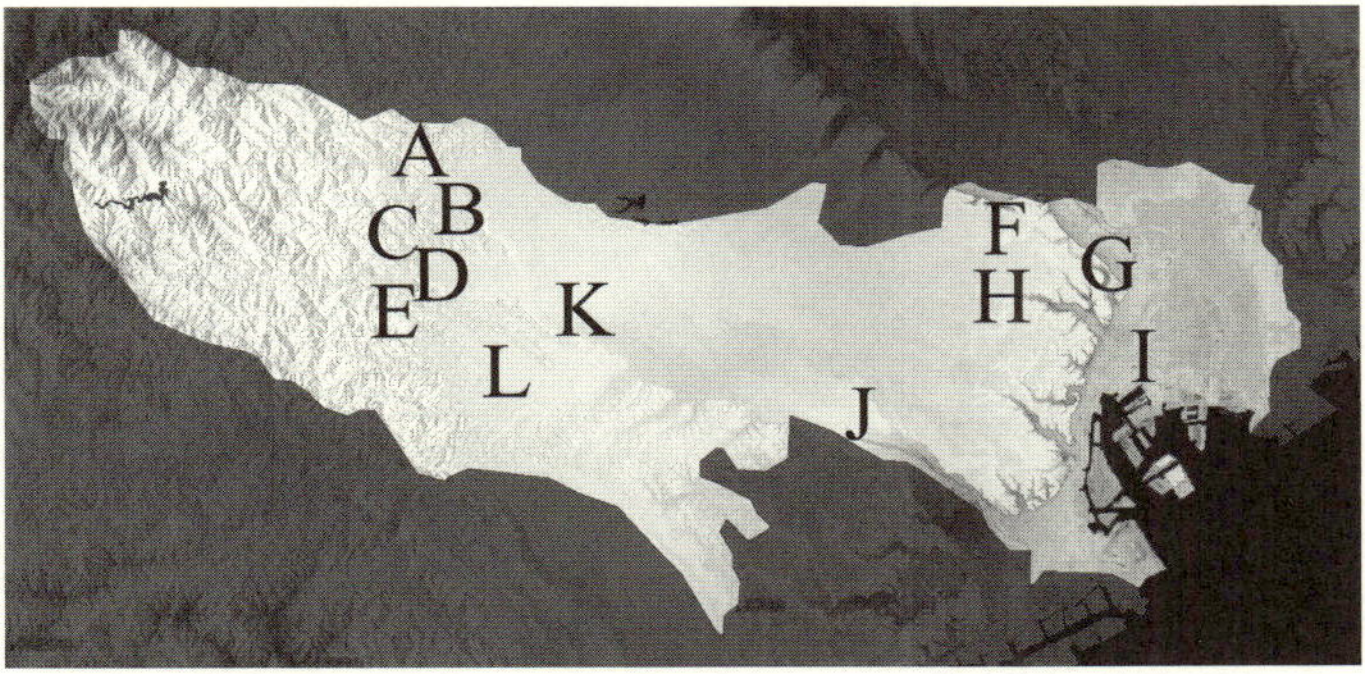

東京の化石地図（藤山ほか (1982) をもとにカシミール 3D スーパー地形セットで作図したもの）
A（青梅市柚木ほか）：フズリナ・サンゴ・コケムシ・ウミユリ・石灰藻　B（西多摩郡日の出町岩井）：貝・アンモナイト・コケムシ　C（西多摩郡五日市〈現あきる野市〉）：サンゴ・ウニ・海綿　D（西多摩郡五日市）：貝・ウニ・カニ・植物　E（西多摩郡五日市）：コケムシ・腕足類・貝・サンゴ・ウミユリ　F（板橋区）：貝　G（北区）：貝・ウニ・哺乳類　H（中野区）：植物　I（中央区）：貝　J（狛江市）：ダイカイギュウ　K（昭島市）：クジラ、オオカミ　L（八王子市）：ゾウ

会は２０１６年に、全国47都道府県で特徴的に産出する岩石・鉱物・化石をそれぞれの「**県の石**」として選定した。この際、東京から選出された化石がこのトウキョウホタテなのだ。まさに東京都を代表する化石の一つといえる。

さて、ここで東京の化石地図を見てみよう。東京の凸凹地形図の上に、主な化石産地をプロットしたものだ。地質学会が県の石に選定したトウキョウホタテの標本は、東京都北区王子にある東京層と呼ばれる地層から発見された。化石地図ではGと示した部分だ。東京層とは東京東部の丘陵や地下に分布する海の地層、すなわち**海成層**《かいせいそう》で、砂礫層《されきそう》や泥層《でいそう》を含む。東京層の上部からは、**ナウマンゾウ**の化石も発見されている。またBで示した西多摩郡からは、三畳紀のアンモナイトの化石が発見されたとの報告もある。

Jで示した狛江市からは、**ステラーダイカイギュウ**と呼ばれる大型の海棲哺乳類の化石が発見されている。これは多摩川の左岸にある河床《かしょう》に分布していた海成層から発見されたもので、およそ130万年前のものとされる。発見時には全身骨格の大部分が河床面に露出していたとのことだ。さらに肋骨の一部にホホジロザメの歯がささった状態で見つかったといい、おそらく死んだあとすぐに海底でサメなどに食べられたと考えられている。Kで示した昭島市からは、アキシマクジラと呼ばれるクジラ類の化石が発見された。約160万年前のものとされ、これだけ古いクジラ化石の全身骨格が完全な形で発掘されたのは世界でも珍しいという。同市ではこのクジラをモチーフとしたゆるキャラ、「アッキー」と「アイラン」が親しまれているほか、「くじらロード」や「多摩川緑地くじら運動公園」の名前の由来ともなったという。市内にあるマンホールの蓋にもクジラのデザインがあしらわれている。

昭島市では肉食性のオオカミ化石も発見されている。前足と頸椎、頭部の骨が見つかったという。こちらは約180万年前のものだ。イヌ属としては日本最古の記録である。さらにアケボノゾウと呼ばれるゾウの臼歯や、ゾウの子供の頭骨、足跡なども見つかってい

ナウマンゾウの歯の化石。幅約 30cm（地質標本化登録標本 GSJF12939、写真撮影青木正博氏）

る。こちらはクジラの化石が発見された地点のすぐ近くで見つかっている。

また八王子市でもゾウの化石が発見されている。こちらはステゴドンの一種で、約２５０万年前のものだ。八王子市市役所付近の浅川で発見され、１６０㎝を超える牙を持っていた。多摩川では地層が斜めに堆積しているため、これが川で侵食されると複数の時代の地層が出てくる。昭島市でクジラの化石が見つかったのは小宮層という海の地層、ゾウの化石が見つかったのは加住《かすみ》層という陸の地層だ。つまり時代と環境の境界が見えているのだ。

一口に東京といっても東西に広く、様々な時代の地層が分布していることから、多様な時代の化石が発見されているのである。

参考文献●藤山家徳・浜田隆士・山際延夫『学生版日本古生物図鑑』（北隆館、1982）

東京で恐竜の化石は出るの？

vol.2

　今から80年前の１９３６年、当時の樺太《からふと》（現在はサハリン）で「**ニッポノサウルス**」というハドロサウルス類の恐竜が見つかった。その後の戦後日本においては、長らく恐竜の化石は発見されなかったが、筆者が生まれた１９７８年に、岩手県岩泉町の茂師《もし》で「**モシリュウ**」と呼ばれる竜脚類の化石が発見されたのを皮切りに、全国各地で恐竜が発見されるようになる。なかでも福井県勝山市の北谷では国内最大規模の化石発掘現場が整備され、１９８９年（平成元年）からは継続的に恐竜化石の発掘調査を行っている。この成果をもとに、国内最大級の古生物博物館である福井県立恐竜博物館が発掘現場の近くに建設された。これが２０００年のことだ。そして同博物館の論文（柴田ほか、２０１７）によれば、２０１７年時点で日本国内の恐竜体化石（ただし鳥類を除く）の産地は北海道から鹿児島に至る16道県、合計で27地域に及んでいる。今や日本は立派な恐竜大国といってよい。

　しかし恐竜の化石は全国どこでも見つかるわけではない。第一に、恐竜の生息していた中生代に堆積した地層が分布していることが条件だ。日本での恐竜化石は中生代のジュラ

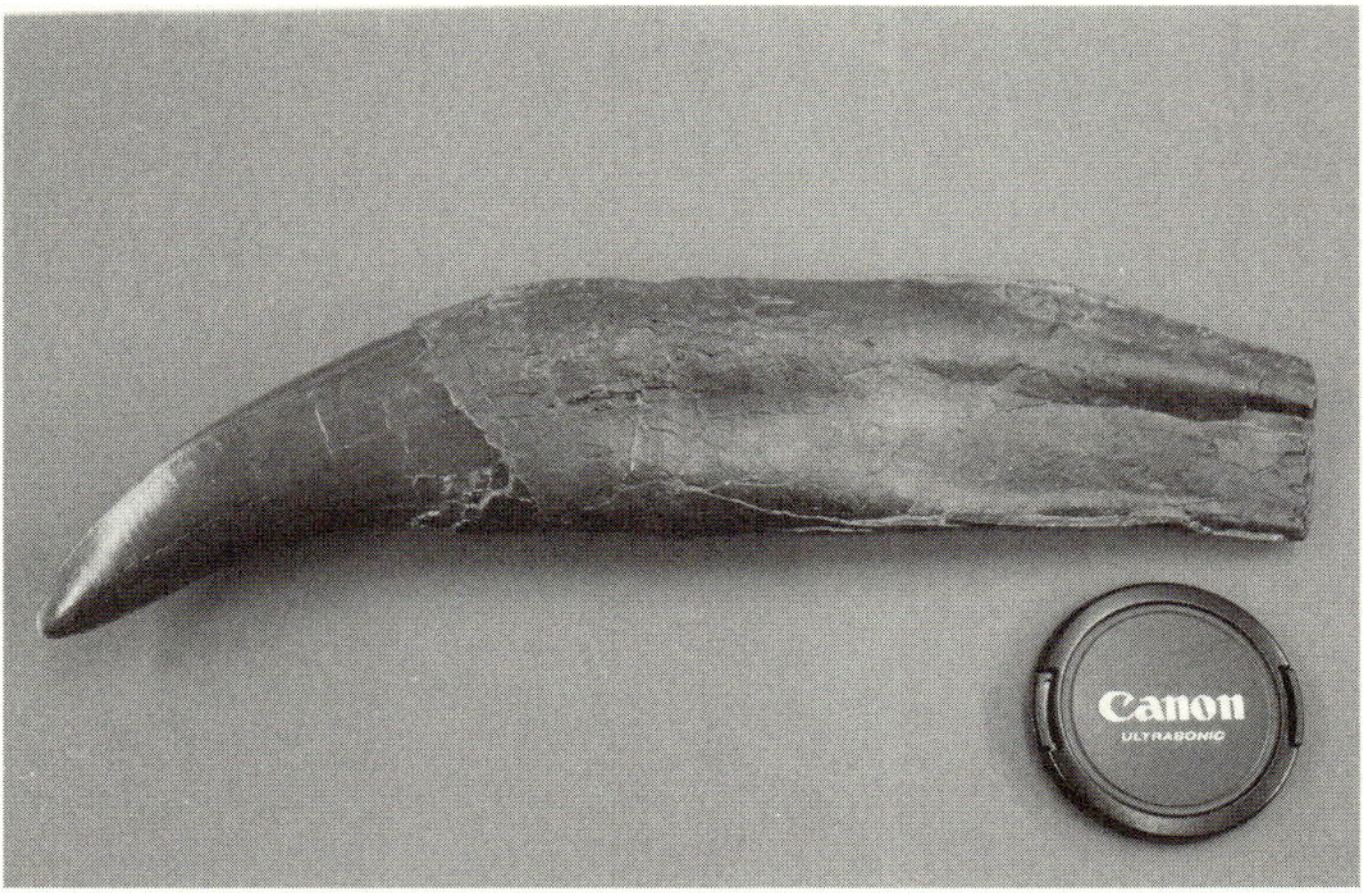

ティラノサウルスの歯牙（著者所蔵、レプリカ）

紀～白亜紀にかけて堆積した地層から発見されている。特に多いのが白亜紀だ。

次に、恐竜は陸上の生物であったことを考慮しなければいけない。ちなみに魚竜や首長竜などの海棲爬虫類《かいせいはちゅうるい》、そして空を飛んでいた翼竜は、恐竜とは異なる分類群に属するものだ。つまり、恐竜の化石が含まれるのは、陸上で堆積した地層、もしくは陸に近い場所で堆積した地層である。具体的には河川や氾濫原、汽水域などの地層だ。それゆえ恐竜の化石が見つかる場所ではカメやワニなどの化石が一緒に発見されることもある。こうした地層の分布は限られている。

さて博物館で働いていると、頻繁に投げかけられる質問がある。「これだけ日本中から恐竜の化石がみつかっているのに、都心部では出ないのですか？」というものだ。はたしてどうだろうか。関東平野では古くから地層や地盤の研究がおこなわれてきた。関東平野の地下をボーリングしてみると、泥や砂の地層が出てくる。この土砂の下には、関東平野の周辺にある山々を形作っている硬い岩石が現れる。これらの岩石は深いところで地下３０００ｍ以上の、凸凹したお椀型の地形となって隠れており、その上に泥や砂などの比較的軟らかい地層が堆積しているのだ。こうしてできた東京の地層も平坦でなく、ところによって台地と低地に分かれる。東京の中心部を占める台地の地層は恐竜時代よりも新しい時代のものである。例えば下末吉《しもすえよし》の台地は約13万年前の海進時に海の底で堆積した地層、武蔵野台地はその後に関東山地から広がった川の扇状地だ。低地を作っている地層はもっと新しく、約２万年前から現在にかけて堆積したもので、どれも恐竜が滅びた約６５５０万年前よりもずっと後の時代のものだ。

日本列島は恐竜時代には大陸の縁にあった。それゆえ日本と中国で見つかる恐竜には共通点が多い。これが大陸地殻の分裂よって大陸から離れ、島弧となったのである。

ちなみに最初の項目で〝恐竜体化石（ただし鳥類を除く）〟とさらりと書いた。今や**「鳥の祖先が恐竜」**という学説は広く受け入れられており、「恐竜」という言葉を使う際には鳥類も含んでいると考えなければならない。それゆえ厳密には、今から約６５５０万年前に滅んだのは「鳥類以外の恐竜である」などと書く必要がある。

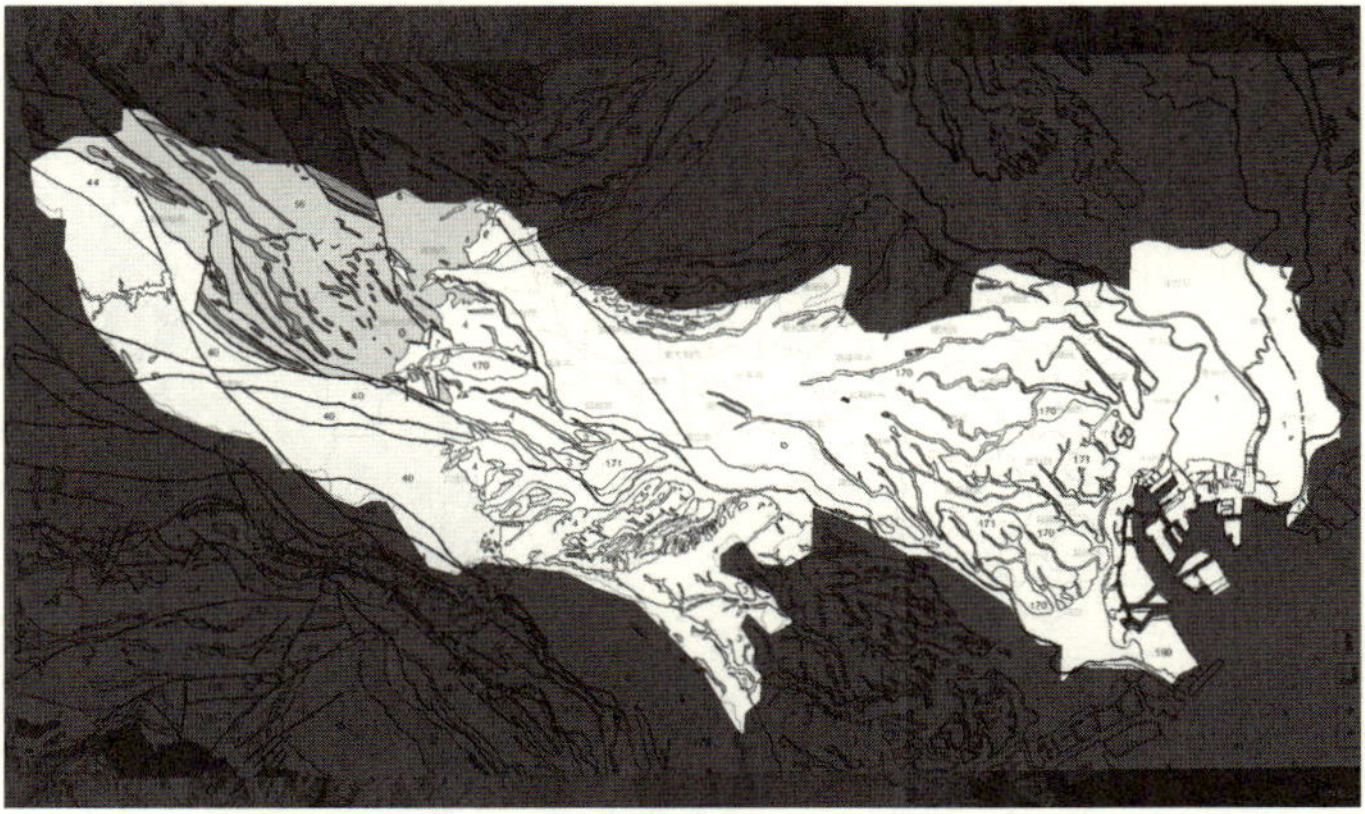

シームレス地質図で東京都の範囲を明るく表示したもの。様々な時代の地層や岩石が分布している（産総研、GSJ 公式サイト、シームレス地質図より）

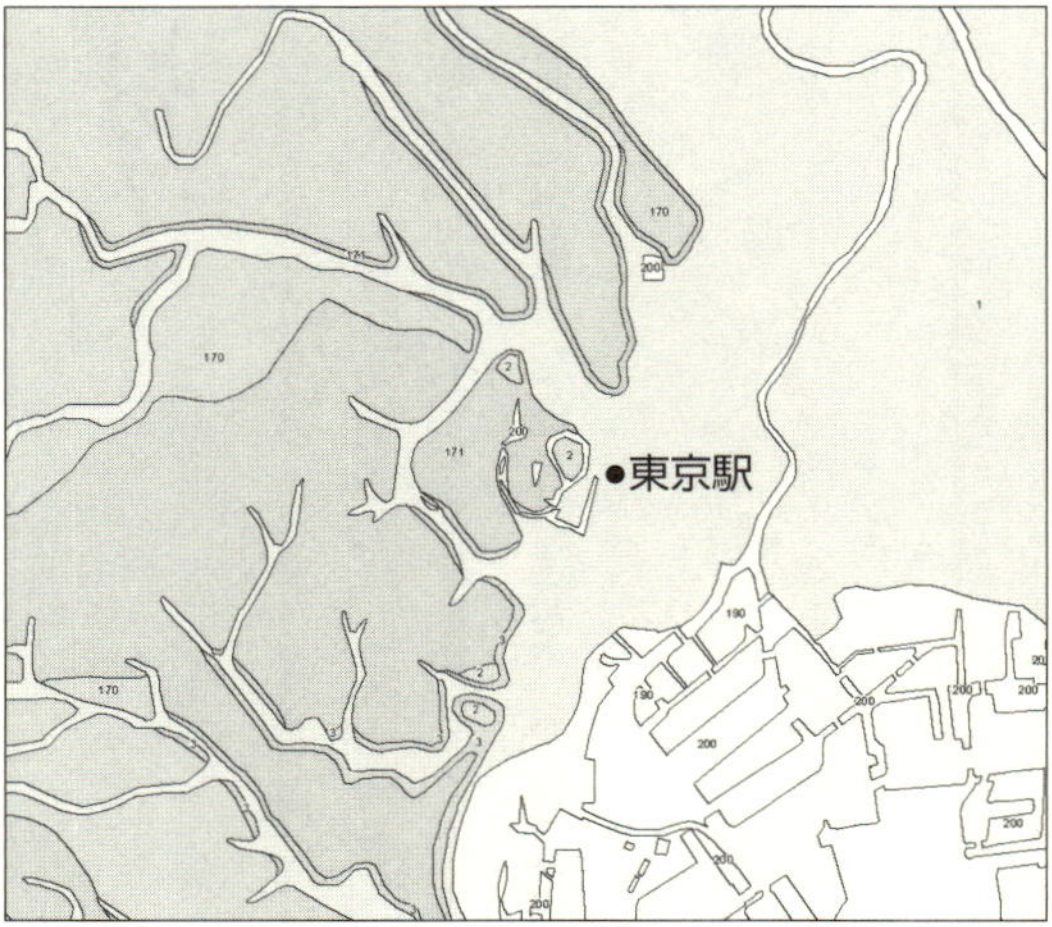

シームレス地質図より作成。東京駅を中心に約 10km 四方を拡大したもの。1 番の番号がついているのは、約 2 万年前から現在までに堆積した地層。170 番は約 7 万年前から 1 万 8000 年前に堆積した地層（産総研、GSJ 公式サイト、シームレス地質図より）

貝塚の貝は化石とはいわないの？

vol.3

　この写真は、地質標本館の一階にある貝化石床で、千葉県の旧印旛村（現印西市）の崖から採取された「**剥ぎ取り標本**」だ。これは下総層群と呼ばれる内湾の浅い海に堆積した比較的新しい時代の地層である。すなわち、自然に堆積した化石の層だ。いわゆる「**貝塚**」との違いがお分かりいただけるだろうか？

　貝塚に含まれている貝殻は、古代の人々が食料としていたものの残りだ。すなわち、人間が食べる種類の貝のみが含まれている。例えば淡水系の貝塚ではシジミ類などが、また内湾性の貝塚ではカキやハマグリ、アサリなどが発見される。また貝殻だけでなく、鹿や魚の骨、土器、骨角器なども一緒に捨てられていることが多い。

　しかし写真の化石床では、人間が食べない種類の貝や小さな貝も含まれており、土器などの人工物は含まれないことから、自然現象でできた化石床であることが分かる。同博物館の解説書（産業技術総合研究所地質標本館、２００６）によれば、イタヤガイ、エゾマテガイ、ナミガイ、アサリ、シオフキ、ミルクイ、ヤツシロガイなど海生の貝が含まれて

二枚貝化石床剥ぎ取り標本（地質標本館第一展示室にて撮影）

いるという。

これらに加えて、化石とは「一万年よりも古い生物遺骸」を指すのが一般的であり、人間の生活によってもたらされた貝塚の貝はこれに含まれない。こうしたことからも、貝塚の貝を化石と呼ぶことは一般的にはない。

ちなみに写真の剥ぎ取り標本とは、崖に露出した地層（露頭）に強力な接着剤を塗り込んだのちにガラス繊維などで裏打ちし、接着剤が乾燥したら裏打ち材を剥がして採取するものだ。これによって地層の表面だけが剥ぎ取られる。

貝塚はなぜ陸地（内陸部）にあるの？

vol.4

前項でも述べたとおり、貝塚は人間が食料として食べた貝の殻が堆積して作られた遺跡だ。貝塚は世界各地で見つかっているが、日本の**縄文時代**のものは特に古いとされる。日本で発見されている貝塚はおよそ２５００か所に及び、特に東京湾の東沿岸に多い。しかし地図に示したように、貝塚が分布しているのは沿岸部だけとは限らない。例えば群馬県の寺西貝塚や栃木県の篠山貝塚など、現在は海に面していない県からも貝塚は発見されている。これはなぜだろうか。その謎を解く鍵は「地球の**海水準変動**」にある。

地球の海面の高さは一定ではなく、常に大きく上下に変動していたと考えられている。一般的に地球が暖かい時代、すなわち「**間氷期**《かんぴょうき》」には海面が高くなり、寒冷な「**氷期**」には海面が低くなる。前者を**海進**《かいしん》、後者を**海退**《かいたい》という。これら海進・海退の現象は、ここ80万年間は約10万年周期で起きていたと考えられており、最も新しい時代に起きた氷期の最盛期（**最終氷期最盛期**）は約2万年前と考えられている。このときは海面が現在より最大で１００ｍ以上も低かったと考えられており、東京湾も大きく後退していた。

現在の海岸線と貝塚の分布図（カシミール 3D スーパー地形セットで作図）

海進時の海岸線（約7000 年前）に貝塚の分布を重ねた図（カシミール 3D スーパー地形セットで作図）

さて、本書においては、「**氷河時代**」とは地球上に氷床や氷河がある時代のこと、としたい。先ほど述べたとおり最後の氷期は2万年前に最盛期を迎えた。その後は「ヤンガードリアス寒冷期」という寒の戻りを経て温暖化がすすみ、現代は比較的暖かい時代に相当する。なお、過去には氷河が完全に存在しない時代もあったと推測されている。例えば恐竜が生きていた白亜紀は、一時期「無氷河時代」であったと考えられている。

話を海進・海退に戻そう。関東平野は海進と海退を繰り返すことで、陸になったり海になったりという環境変動が何度も繰り返されていた。中でも大規模なものが約13万年前の下末吉海進で、現在より海面が5mから10mほど高かったと推測されている。海進の際にできた海は「**古《こ》東京湾**」といわれており、現在の関東平野に広がっていた。この時に堆積した地層から貝類やサメ・クジラなどの化石も見つかっている。

また、貝塚が作られた縄文時代においても海進が起こっていた。これが「**縄文海進**」である。縄文海進は今から約7000年前ごろに起きたと考えられており、海面は現在と比べて2~3m高かった。このときも日本列島の各地で海水が内陸部にまで侵入し、今とは違う海岸線が作られていたのである。貝塚が現在の内陸部でも発見されるのは、この海進が原因なのだ。なお縄文海進だが、地質学分野では別の名前がつけられており、「有楽町海進」または「完新世《かんしんせい》海進」と呼ばれる。前者は、この現象に関する最初の調査が有楽町でおこなわれたことにちなむ。また後者の「完新世」とは、最終氷期が終わった約1万年前から現在にかけての時代、すなわち地質時代のうちで最も新しい時代のことを指す。花粉や貝の化石の分析により、当時の日本列島は現在よりも数℃以上温暖だったと考えられている。

なお、海進が原因で、平野にはかつて海とつながっていた湖があり、これを海跡湖と呼ぶ。例えば東日本最大の湖である霞ヶ浦は、下末吉海進の時代、古東京湾とつながっていたと考えられている。

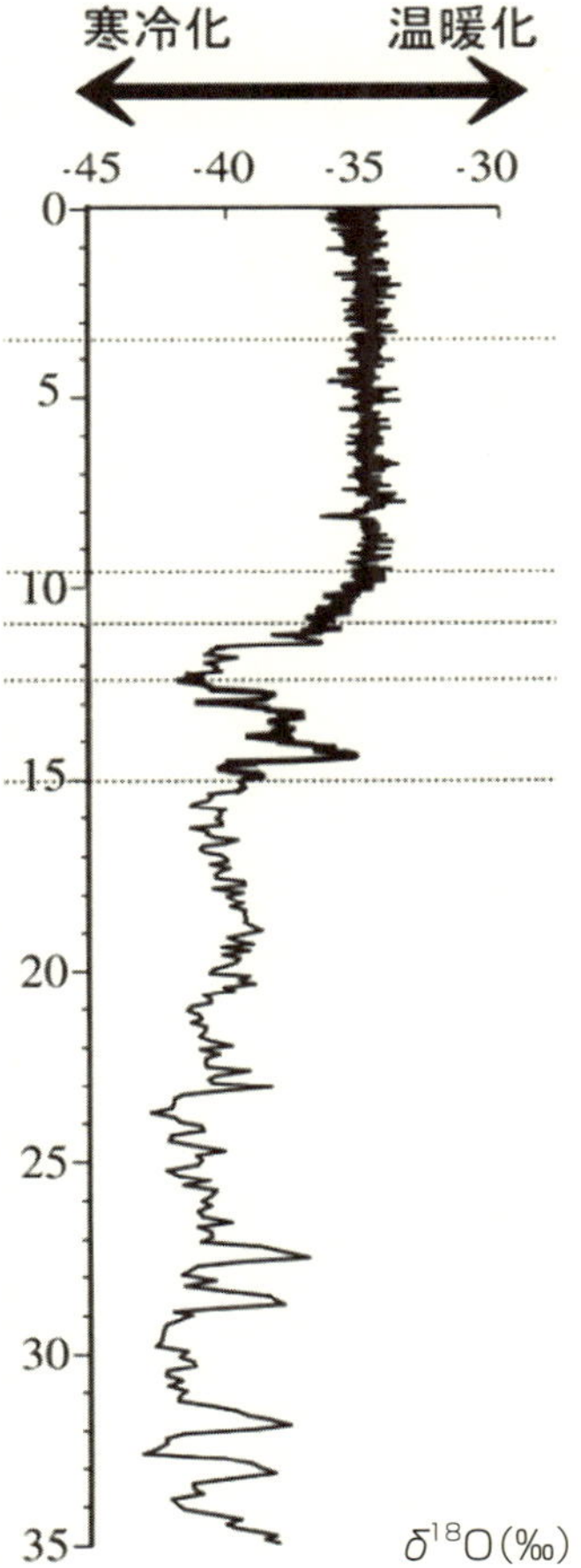

グリーンランド氷床の氷のコアの酸素同位体比から復元した過去35000年間の気候。縦軸が年代（×1000年前）（GISP2のデータより作図。Shibahara et al., 2007に加筆）

関東ローム層とは

vol.5

関東ローム層とは、関東地方の台地上に広く分布する土壌で、風化した火山灰層である。**ローム**とはもともと砂やシルト、粘土など（P.109参照）が混じった堆積物のことを指す。なかでも関東平野の崖に見られる赤土の層を関東ローム層と呼んでいるのである。鉄分が多いため、これが酸化して赤い色を呈していると考えられている。

この色は地名の由来となっていることもあり、例えば「**赤坂**」という地名は東京や大阪、岡山など日本各地にあるが「赤土でできた坂」に由来するという説もある（諸説あり）。なお東京都港区の赤坂は江戸時代のはじめに名付けられたと考えられている。

関東ロームを採取し、椀がけ（水の入ったお椀の中で砕いて混ぜ、上澄みを捨てることを繰り返して粒の大きな砂だけを取り出す方法）と呼ばれる方法で洗うと砂だけがそこに残る。これを顕微鏡で観察すると火山ガラスと呼ばれる鉱物粒子が観察できる。つまり火山の噴火によってもたらされたことが分かる。こうした火山の噴火によって放出されたものを**テフラ**という。

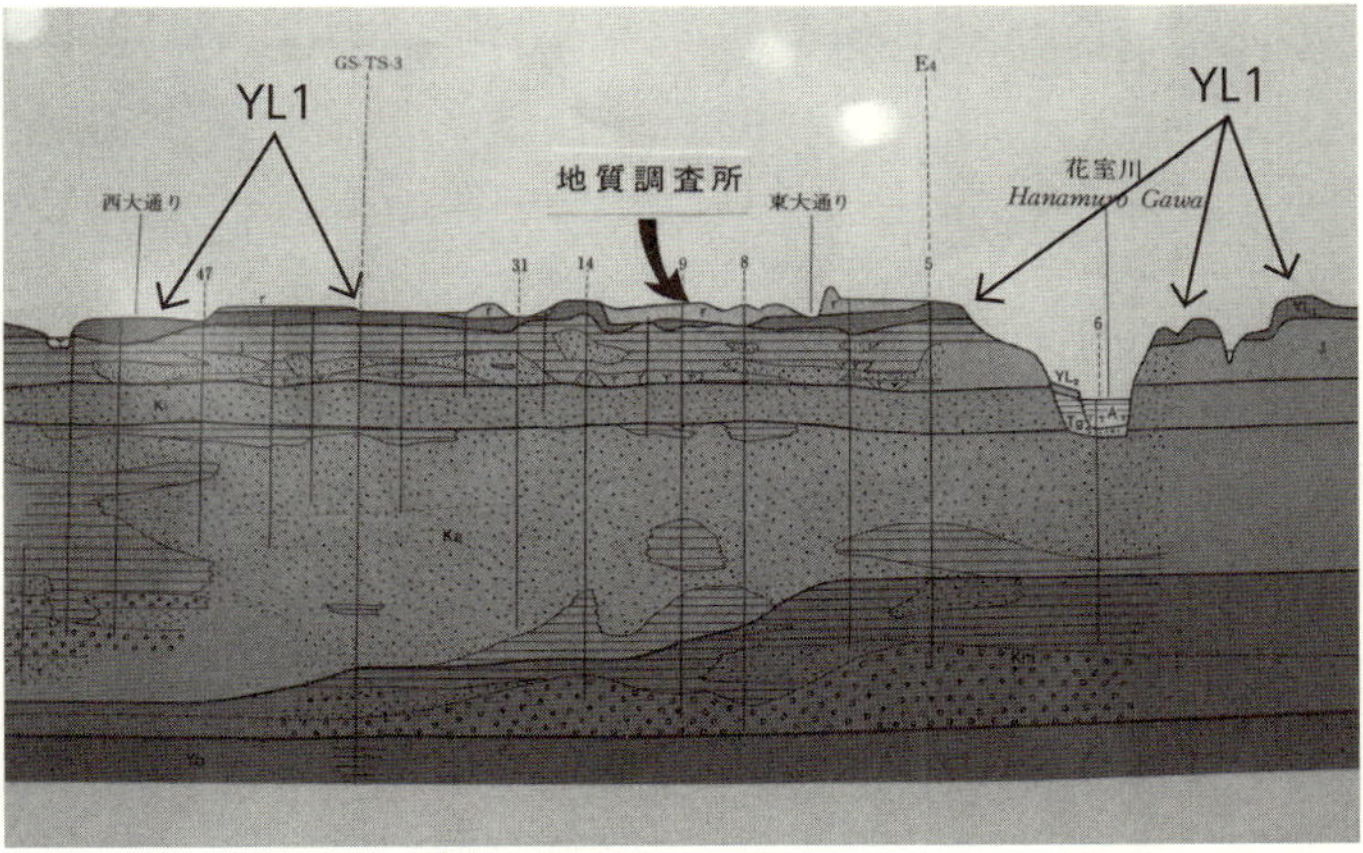

筑波台地の地質断面図（地質調査所周辺を拡大）。YL1 と記されている層が関東ローム層（地質調査総合センター、1988 に加筆したもの。地質標本館第一展示室にて撮影）

関東ローム層は、富士や箱根、愛鷹《あしたか》などの火山、また浅間火山、棒名火山、赤城火山などの火山灰が堆積したものと考えられている。東京周辺の関東ローム層は古いものから多摩ローム、下末吉ローム、武蔵野ローム、立川ロームの四つに分類されている。古い段丘にはすべての種類のロームが堆積しているが、新しい時代の段丘ではすべて堆積していないことがある。筑波台地は関東の中でも最も関東ローム層の堆積が薄い場所といわれる。

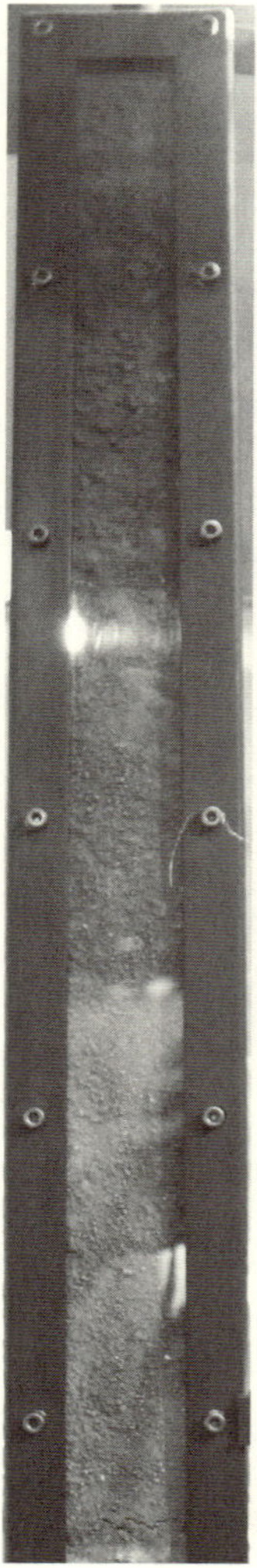

地質調査所のボーリング試料。地表から深度２ｍまでの部分
（地質標本館第一展示室にて撮影）

上部が黒土、下部が赤褐色の火山灰。上下幅約 1.5m

参考文献●山崎晴雄・久保純子『日本列島 100 万年史』（講談社、2017）／日本地質学会（編著）『はじめての地質学』（ベレ出版、2017）／青木正博・目代邦康『地層の見方がわかるフィールド図鑑』（誠文堂新光社、2008）／地質調査総合センター『筑波研究学園都市及び周辺地域の環境地質図』（1988）

武蔵野台地とは

vol.6

日本列島の地形は、高さや起伏、そして成り立ちの違いなどにより、「**山地**」、「**丘陵**」、「**台地**」、「**低地**」に分類される。山地と丘陵はどちらも地殻変動の力と、風や雨による侵食などによって作られた地形だ。地形の険しい山地に比べて丘陵は尾根や谷の起伏が比較的緩やかで、標高も数百m以下であることが多い。

山地や丘陵に対し、台地と低地はまとめて**平野**と呼ばれることもあるが、両者の地形には明瞭な差がある。低地は河川敷や海沿いなどと標高がほぼ同じとなる平坦地で、大規模な洪水や高潮により浸水することもある場所だ。一方、台地は低地よりも一段高い場所にある平坦地を指す。

さて**武蔵野台地**とは、北を荒川、南を多摩川、そして西を山地と丘陵で囲まれた台地である。武蔵野台地は東京の青梅を頂点とし、**多摩川**が流路を変えながら作り上げたと考えられている、様々な時代の扇状地の複合体である。

扇状地とは河川の作用によってできた地形の一つである。扇状地は川が谷の出口（谷

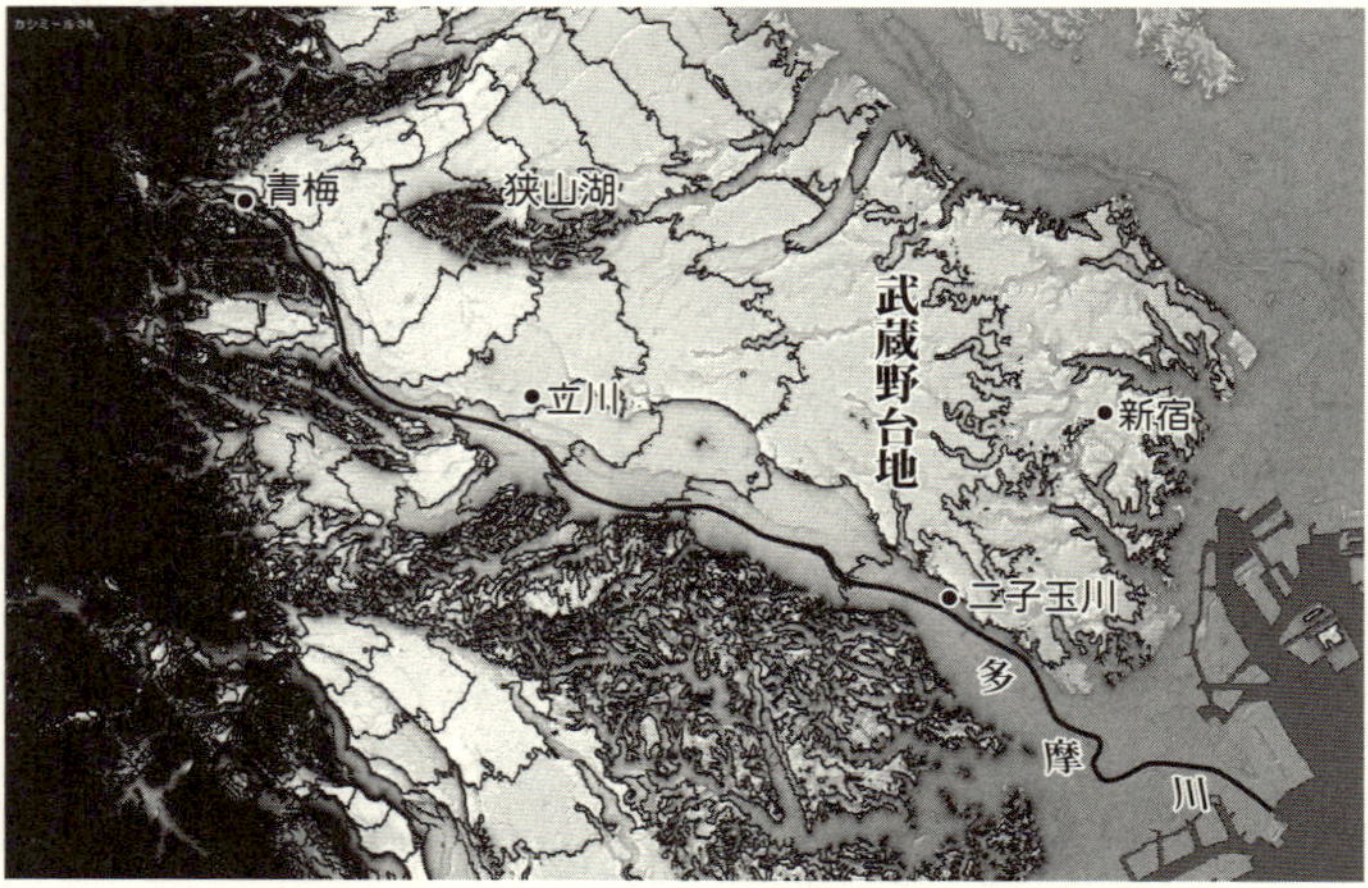

多摩川が作り出す扇状地。地形に 20m の等高線を描いたもの（カシミール 3D ＋スーパー地形で作成）

口）を頂点として扇形に砂や礫などを運搬・堆積することで形成される地形である。大量の水が流れて洪水が発生するたび、川は谷口から低い方へと様々な方向に流れる。そのため扇状の地形が作り出されるのである。

扇状地の頂点を**扇頂**《せんちょう》と呼び、武蔵野台地では青梅地域がそれに相当する。また末端を**扇端**《せんたん》、中央部を**扇央**《せんおう》と呼ぶ。河川が作る地形には、このほかに**三角州**《す》、**自然堤防**、**後背湿地**などがある。三角州は、河川が海などに流れ込む際に運ばれてきた砂や泥が堆積して作られる低平な地形である。

自然堤防とは、川が氾濫して河道から水があふれだした際、水の勢いが衰えることで運搬力が低下し、土砂が河道周辺に堆積

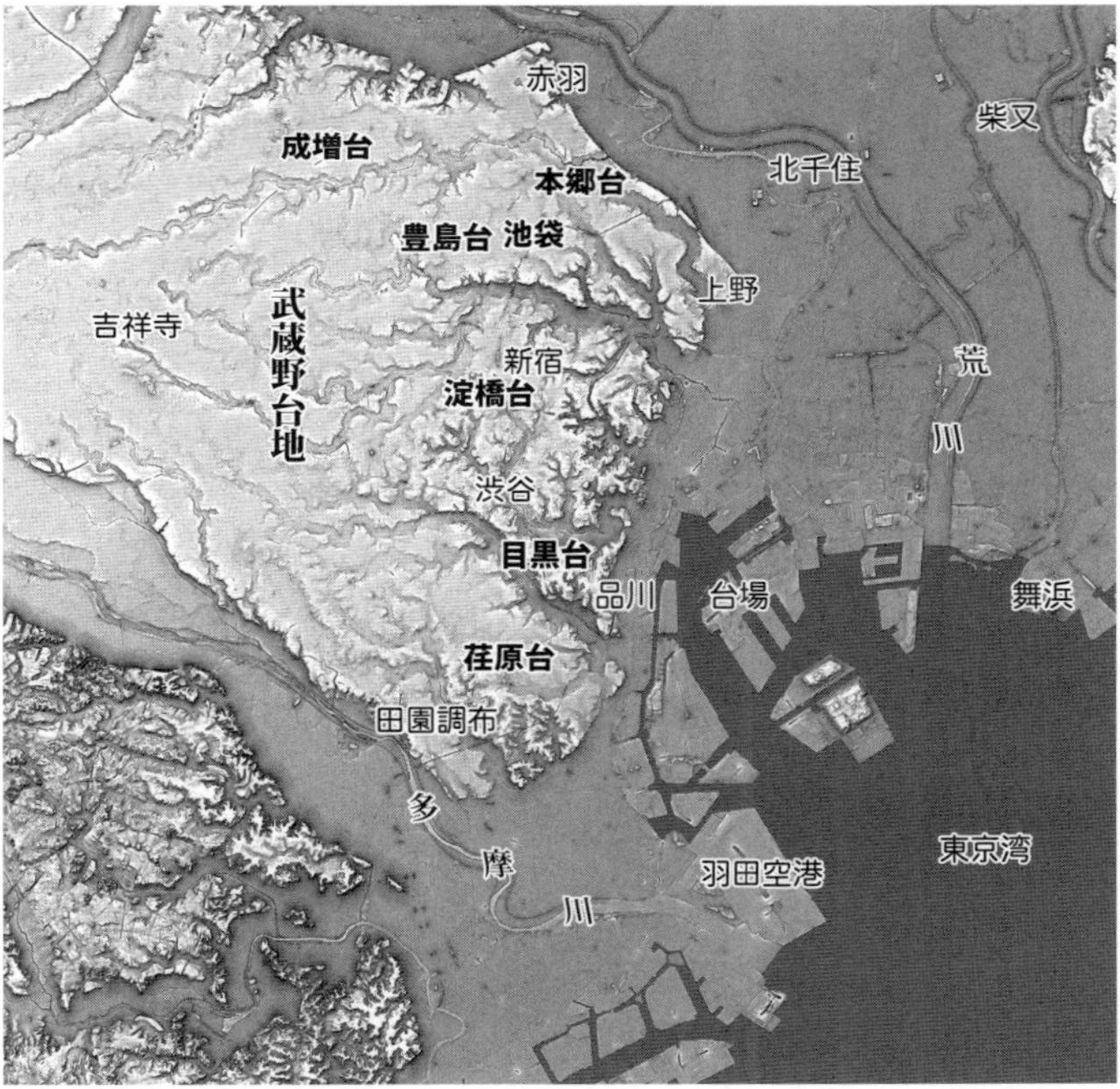

武蔵野台地の地形だけを取り出すと、こうなる。標高データを10倍強調したもの（カシミール3D＋スーパー地形で作成）

したものである。この場所を氾濫原という。この際、粘土のように粒径の小さなものは川から遠く離れたところまで運搬されるが、砂や礫といった粒径の大きなものは川の近くに堆積する。このような氾濫による堆積の繰り返しにより、河道沿いに土手のような地形、すなわち自然堤防が形成される。

　これに対して後背湿地は自然堤防の背後に形成される湿地である。川の水が氾濫した際、水が自然堤防に妨げられて元の河川に戻らず溜まるもので、水はけの悪い湿地となる。これらは水田として利用されることも多い。

武蔵野台地の段丘面は大きく三つに分類される。高いところ、すなわちより早く段丘面となった順番に、**下末吉面**《しもすえよしめん》、**武蔵野面**、**立川面**と呼ばれている。下末吉面には「**淀橋台**《よどばし》」や「**荏原台**《えばら》」と呼ばれている地点があり、複雑な谷が発達している。武蔵野面に相当するのは「**成増台**」、「**豊島台**《としま》」、「**目黒台**」、「**本郷台**」などの面である。また現在の多摩川の左岸にある段丘面は立川面に相当する。

なお河岸段丘とは河川に沿って広がる階段状の地形のことで、その形成には海水準変動が大きく関係している。海水準が低下すると、かつての平野よりも低い標高で川が流れ、より深い谷が刻まれて段丘崖となる。削られずに残った古い平野は段丘面となる。川の下刻によって次々と新しい段丘が形成された場合は、多段構造となる。

参考文献●『東京人』2016年5月号「東京凸凹散歩」用語解説（p.60-63、共著）（都市出版）

vol.7 東京に坂が多いのはなぜか？

東京は坂の多い町だ。東京の中心地は武蔵野台地と呼ばれる台地と、その東側に広がる東京低地に広がっている。両者の標高には10m〜20m程度の差がある。武蔵野台地の段丘地形は約2万年前の最終氷期最盛期に向けて地球が次第に寒くなっていくに従い、海水準の変動や河川の侵食作用などによって形成されたものだ。神田川や渋谷川といった河川が侵食することで数々の谷を作っていったため、凹凸の激しい地形となったのである。

そして台地の上には**谷戸**《やと》と呼ばれる谷状の地形が多く分布している。谷戸は丘陵や台地が侵食されてできたもので、地域によっては「**谷津**《やづ》」とも呼ばれる。谷戸には周囲から水が集まるため古くから稲作に利用されてきたが、水はけが悪い場合は湿地の環境となる。こうした窪地上の地形はなだらかな台地上のあちこちにあり、こうした地形を愛でつつ都内や関東周辺のフィールドワークを行う団体もある。

さて前項で述べた下末吉面に分類される「淀橋台」や「荏原台」では川が蛇行し、深い谷が複雑に刻み込まれている。一方「目黒台」、「本郷台」など武蔵野面に相当する地域は

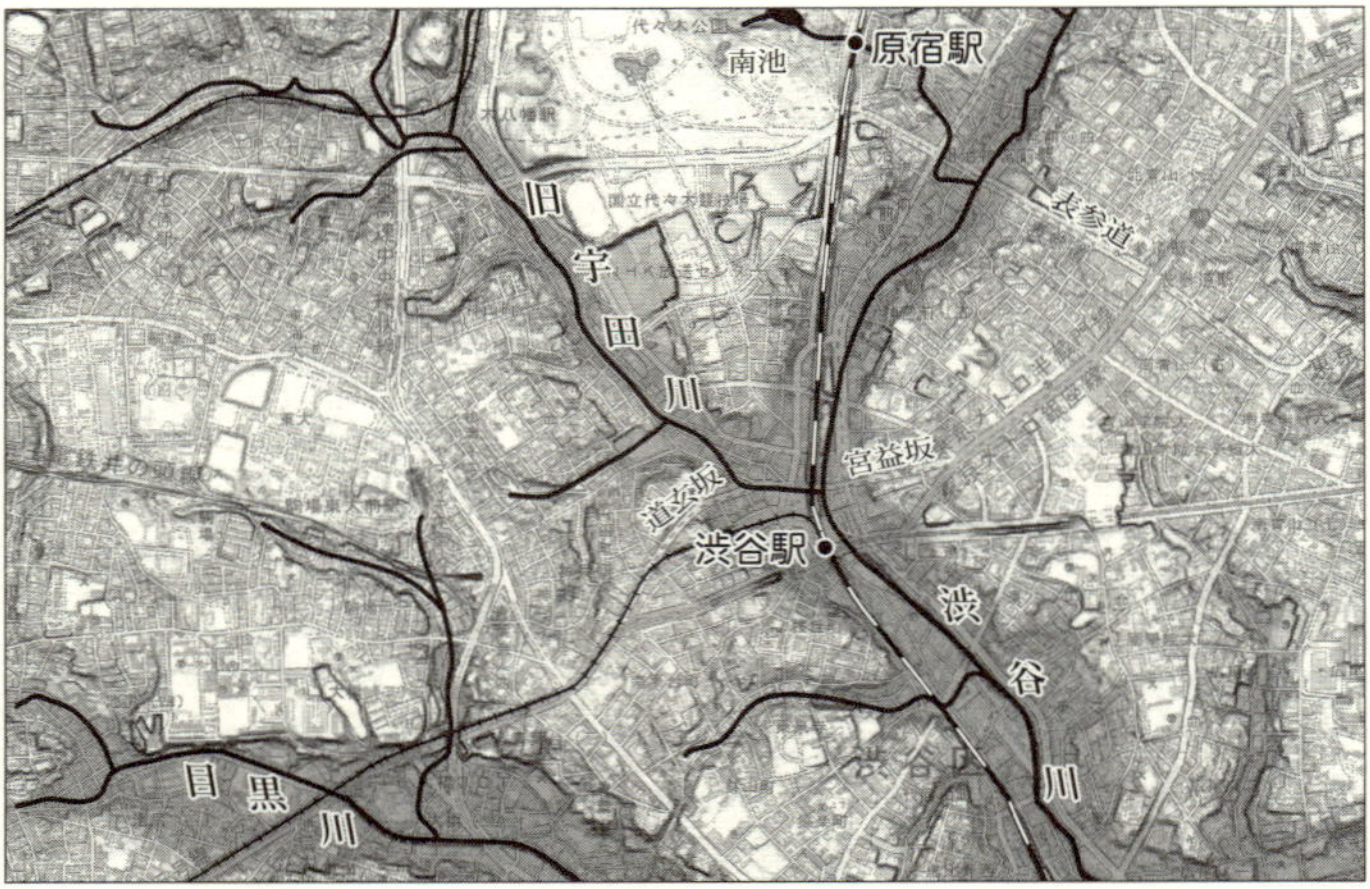

渋谷付近の坂と谷（カシミール 3D ＋スーパー地形で作成）

河川の蛇行が比較的緩やかで、谷は幅が広くなだらかである。これらを踏まえて、東京の主な谷地形をいくつか取り上げてみよう。

【渋谷】

渋谷は宮益坂《みやますざか》と道玄坂が駅を挟んでおり、まさに大きな谷地形だ。谷底で渋谷川と宇田川がＹ字に交わっている。渋谷川は現在暗渠《あんきょ》となっており、その上にキャットストリートと呼ばれる道が整備されている。暗渠とは地下に埋設された河川もしくは水路のことを指す。逆に蓋をされていない水路のことを開渠と呼ぶ。

【四谷】

四谷にもまた複数の谷がひしめいている。

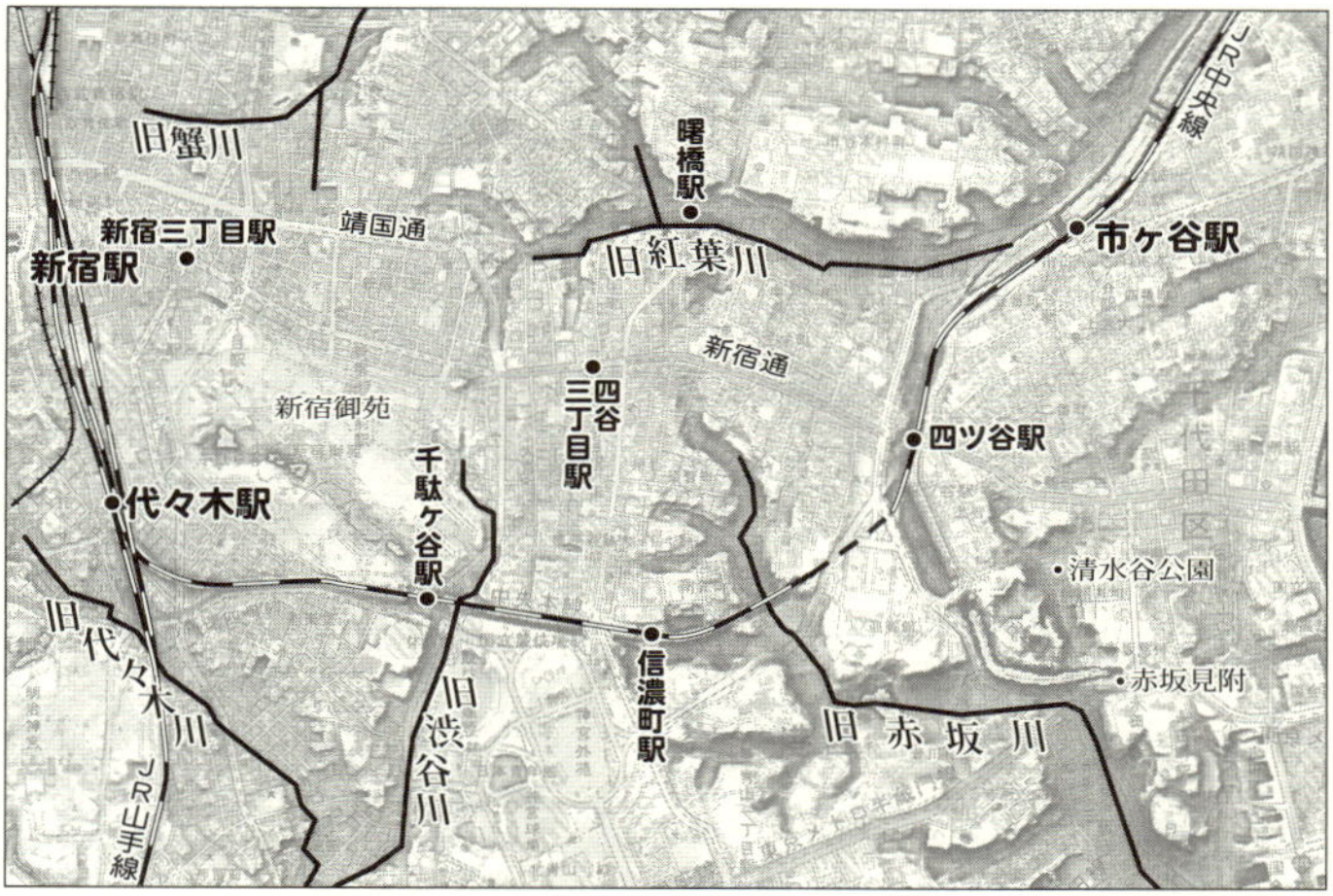

四谷付近の坂と谷（カシミール3D＋スーパー地形で作成）

四谷という地名の由来には複数の説がある。四つの谷があったからという説、旧家にちなむという説などだ。

【品川】

目黒川は世田谷区や目黒区を通り、品川区を経て東京湾へと注ぐ二級河川である。品川区の南品川5丁目と6丁目の間には「ゼームス坂」という長さ400mほどの坂がある。これは現地に在住していた英国人ジョン・M・ジェイムスという人物の自宅があったことにちなんでつけられたものだ。もともとは急峻な地形であったものを、彼が改修して緩やかな坂にしたとされる。ジョン・M・ジェイムスは測量や航海術などの技術を持っており、海援隊の客員であった関義臣という人物

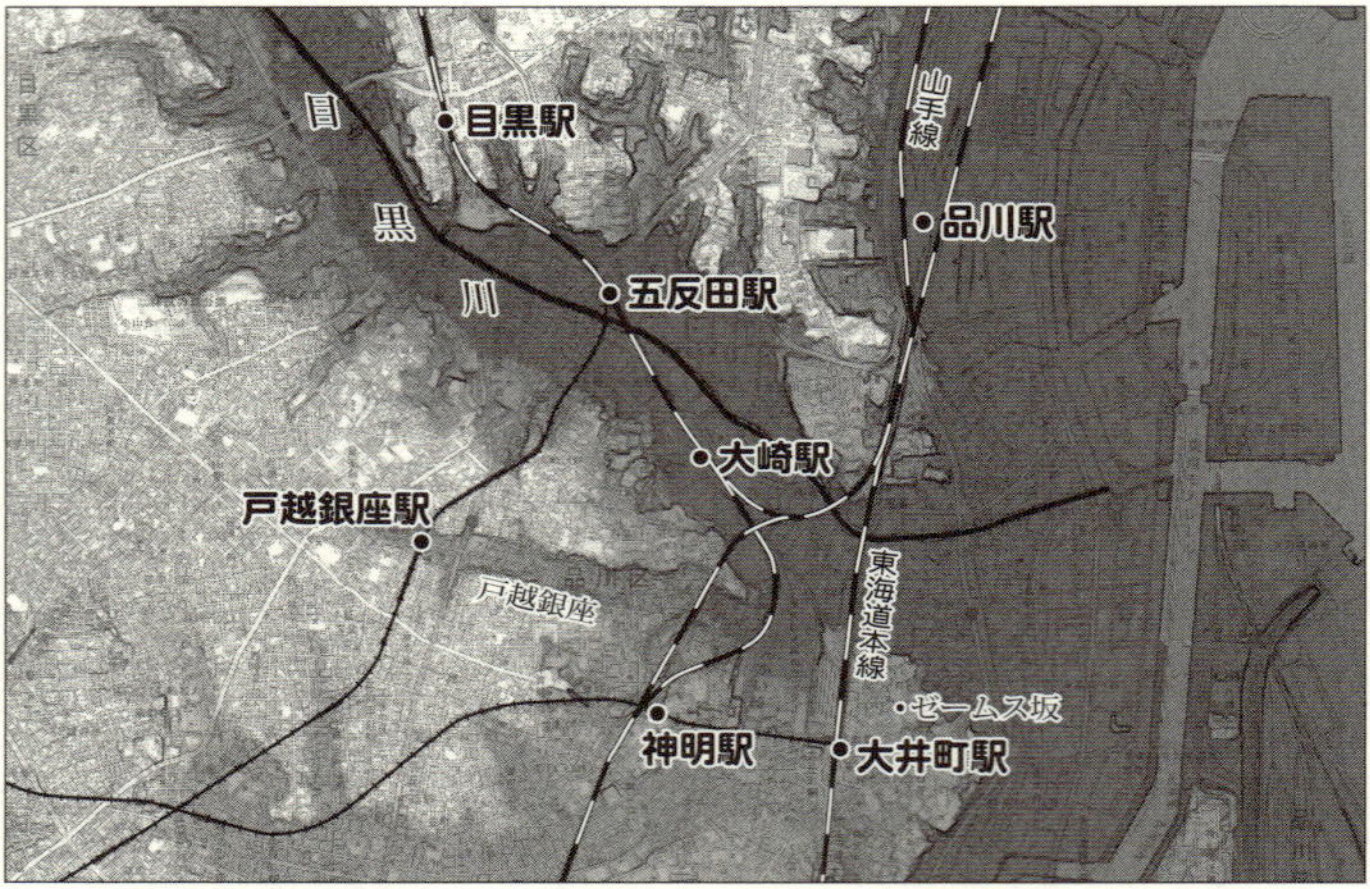

目黒川流域とゼームス坂（カシミール 3D ＋スーパー地形で作成）

の友人であった。関は福井藩士であったが、密かにイギリスへわたるためにジェイムスが船長を務めていた船に乗り込んだとされている。これが１８６７年、坂本龍馬の同意も得た上でのことだったとされる。地名にはときに、自然地形だけでなく、人々の歴史と生き様が刻みこまれている。

参考文献●越前市『越前市史資料編 24 明治維新と関義臣』（2012）

身近な化石、地層たち

vol.9

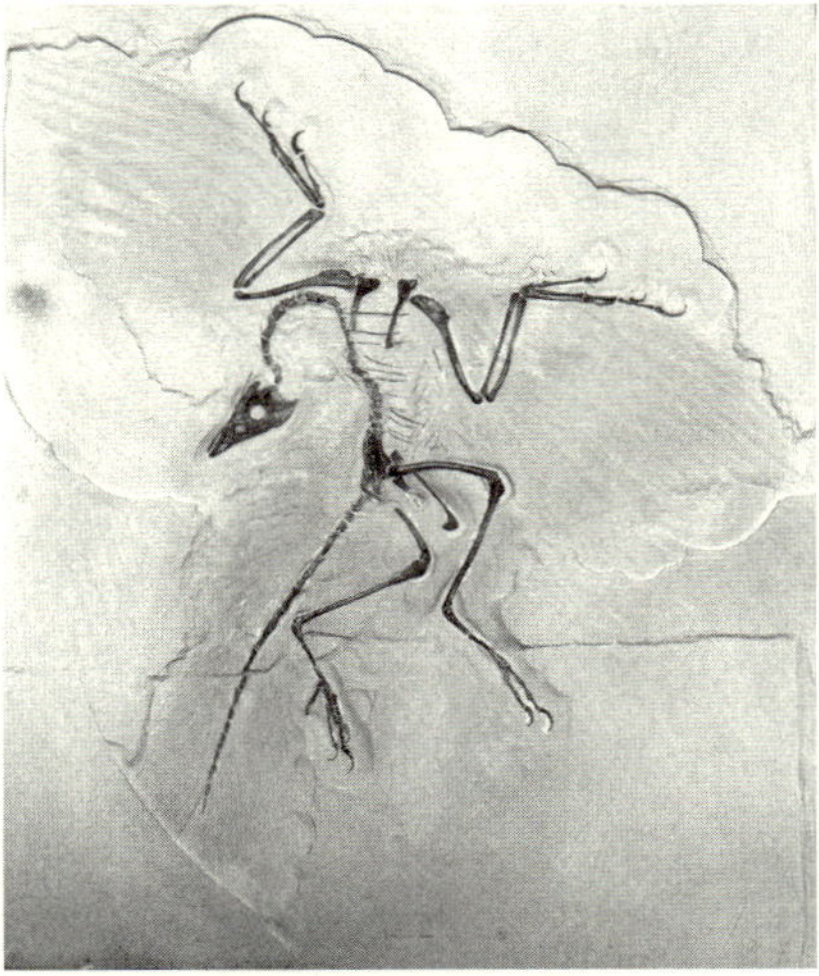

始祖鳥（*Archaeopteryx lithographica*）の化石レプリカ。幅約 40cm（著者所蔵）

化石や地層は私たちの身近にあるものだ。例えばホームセンターなどでは、ドイツの**ゾルンホーフェン**という場所で採取されたジュラ紀後期の石灰岩が石材として販売されていることがある。おもに庭の敷石などに使われている。ゾルンホーフェンの石灰岩からは中生代のウミユリやアンモナイト、カブトガニなどの化石が発見されているほか、始祖鳥の化石も見つかっている。

この場所で発見された始祖鳥の学名は**アーケオプテリクス・リソグラフィカ**（*Archaeopteryx lithographica*）、種小名の *lithographica* は、ゾルンホーフェンが版画の一種であるリトグラフに用いる石材

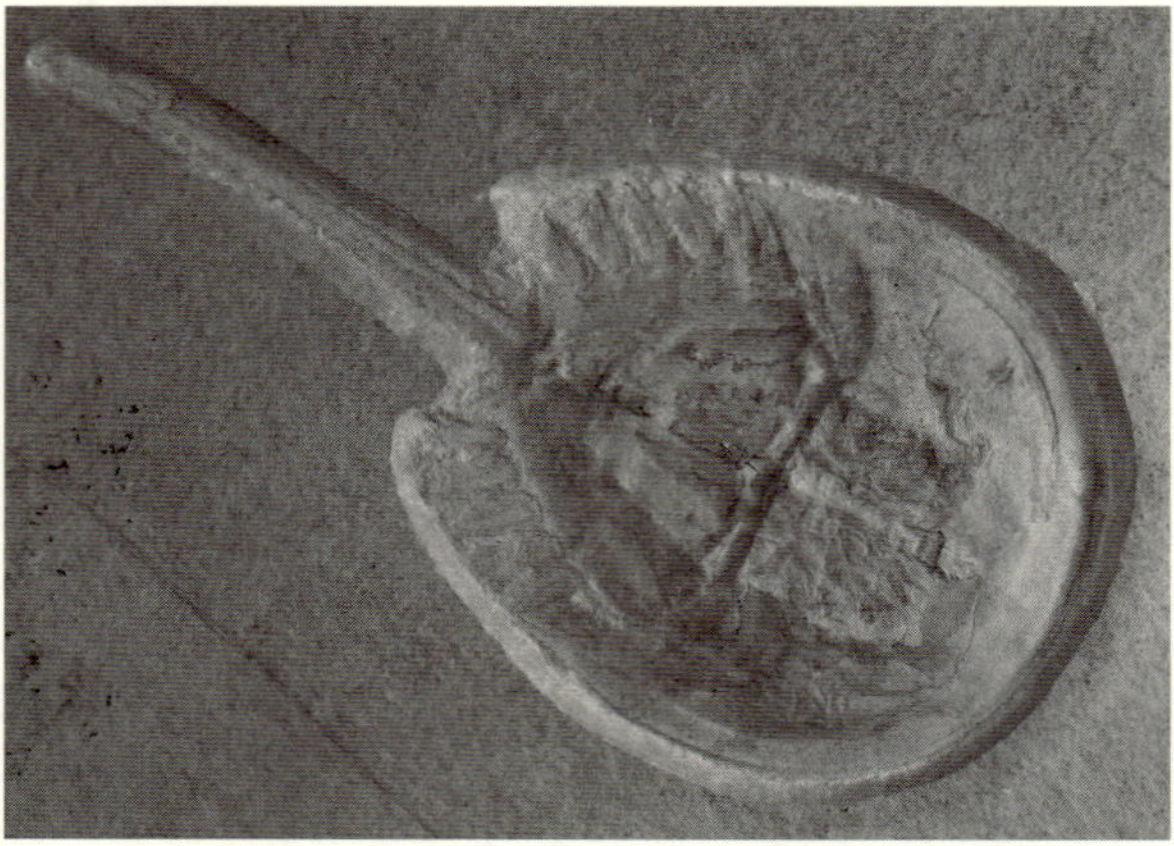

カブトガニの化石 (Mesolimulus walchi)。全長約 16cm（地質標本館登録標本 GSJ F15794）

の産地であり、またこの標本が石版状であることにちなんだものだ。この石灰岩は「ジュラストーン」などの商品名で販売されており、ごくまれに石材の中から化石の一部を発見できることもある。

地層もまた身近なところに現れる。左ページ上の写真は神奈川県三浦市にある軽石の層だ。こうした地層の厚みや分布を調査することで、火山活動の歴史や影響範囲を知ることができる。

左ページ下の写真は、千葉県市原市田淵の養老川沿いにある崖の地層だ。この地層境界は地磁気が逆転した時代のものであり、「**ブルンー松山境界**」と呼ばれている。この露頭に含まれる火山灰層から**ジルコン**と呼ばれる、微小な結晶を取り出して年代測定が行われている。ジルコンは風化に強いため、古い岩石の年代測定を安定して行うことができ

神奈川県三浦市にある軽石の層（写真提供　目代邦康氏）

千葉県市原市田淵の養老川沿いにある地層

る。

地磁気の反転について簡単に解説してみよう。現在、方位磁石は北を向くが、かつては南を向く時期があった。すなわち地磁気が逆転していたのである。過去の地球における磁場の様子は岩石や地層の中に**古地磁気**という記録として保存されている。これが発見されたのは二十世紀のはじめの日本でのことだ。兵庫県にある玄武洞の岩石から古地磁気を分析した際、現在のものとは逆向きに記録されており、かつて地磁気が逆転していた可能性があることが分かった。その後、海底の古地磁気を調べると、中央海嶺に沿って正逆正逆……の縞々状となっており、過去に地球磁場が繰り返し反転していることが分かった。そして地磁気が最後に逆転した時代が「ブルン－松山境界」なのである。地磁気逆転の原因はまだ完全には明らかにされておらず、それが地球環境にどのような影響を与えるかも未知の部分が多い。そのためこうした地層の年代や逆転のタイミングを詳しく知ることは重要である。このように地球史の重大事件を記録した地層が私たちの身近にもある。

とはいえ、身近な露頭を無許可で見に行くことはお薦めできない。どんな土地であっても必ず所有者が存在するため、気軽に立ち入ることはできないからである。落石や転倒による怪我の危険もある。理想的には地元のジオパークや博物館などが公的に開催するフィールドワークに参加するのがいいだろう。その際にもヘルメットや雨具、軍手など、安全用の装備をしっかり身に着けておきたい。

街中にあるビルの壁にアンモナイトなどの化石が含まれていることもある。自然の露頭ではないが、こうした都市内に隠れた化石を見て回るのもまた、地質学・古生物学の楽しみ方の一つかもしれない。

地質を一望できる「地質図」を見てみよう

vol.10

巻頭の口絵で**地質図**について簡単に紹介した。ここではその読み方や調べ方について、もう少し詳しく見てみよう。

地質図とは土壌の下にある地層や岩石について、色や模様を使って表現したものだ。もう少し砕けた言い方をすると、例えば私たちが普段の生活の基盤としている道路やアスファルト、あるいは土壌や植生といった地上の「薄皮一枚」を剥がし、その下にもともとある地層や岩石の分布と相互関係について表したのが地質図なのである。地質図を読めば、その地域を形作っているのがどのような時代の地層や岩石なのか、その分布や歴史も含めて知ることができる。

日本の地質図は、つくば市にある**産業技術総合研究所**の**地質調査総合センター**（旧地質調査所）が作成している。例えば5万分の1縮尺の地質図は、国土地理院の5万分の1地形図を基図として製図される。このように地域ごとに決まった範囲で作られた地質図を**地質図幅**という。

富士火山地質図第２版（産総研、GSJ 公式サイト「富士火山地質図」ベクトルデータを引用）

　地質図を作成するにはまず野外調査を行い、地層や岩石の分布を調べる。また現地で岩石や化石のサンプルを採取し、岩石の年代や化石の種類について室内で分析してそれらの年代や性質の情報を得る。それらを最終的に１枚の図面にまとめあげるのである。１枚の地質図幅を作るのに約２５０日、前後の業務も含めると３年〜４年かかるといわれる。地質図に書かれているのは地層の平面的な分布情報だけではなく、鉛直方向の断面図、すなわち地質断面図も描かれている。こうした断面図や、凡例に書かれたそれぞれの岩石の上下関係および年代などから、地質の年代や各岩石の時系列的な関係を知ることができる。

高画質の地質図を入手するためには、印刷版もしくはCD－ROM版を、販売委託先である東京地学協会や日本地図センターなどで購入する必要がある（詳しくはP.45の参考URLを参照）。しかしながら現在はオープンデータの時代、地質図はパソコンやスマートフォンでも閲覧が可能である。それが「**シームレス地質図**」および「**地質図Ｎａｖｉ**」だ。

シームレス地質図は、地質調査総合センターが20万分の1地質図幅を基に編集したもので、インターネット上で公開されている。もともと地質図は、地域ごとに出版されるものであり、凡例もそれぞれ異なる。これらをすべて調整し、凡例を統一したうえで全国の地質情報をつなぎ合わせたものがシームレス地質図なのである。地図表示ソフトとして有名な「**カシミール３Ｄ**」でも、シームレス地質図の情報をタイルマップ機能によって読み込むことが可能である。さらにシームレス地質図はスマートフォン用のサイトもある。端末の位置情報を使って、自分の現在位置の地質をリアルタイムで知ることができる。

地質図Ｎａｖｉでは、前記のシームレス地質図をベースに、各種地質図を検索できる。例えば5万分の1、7万5０００分の1、20万分の1、50万分の1の各地質図幅や、海洋

日本全体のシームレス地質図。岩石や地層の種類や時代にしたがって塗り分けられている
(産総研、GSJ 公式サイト、シームレス地質図より)

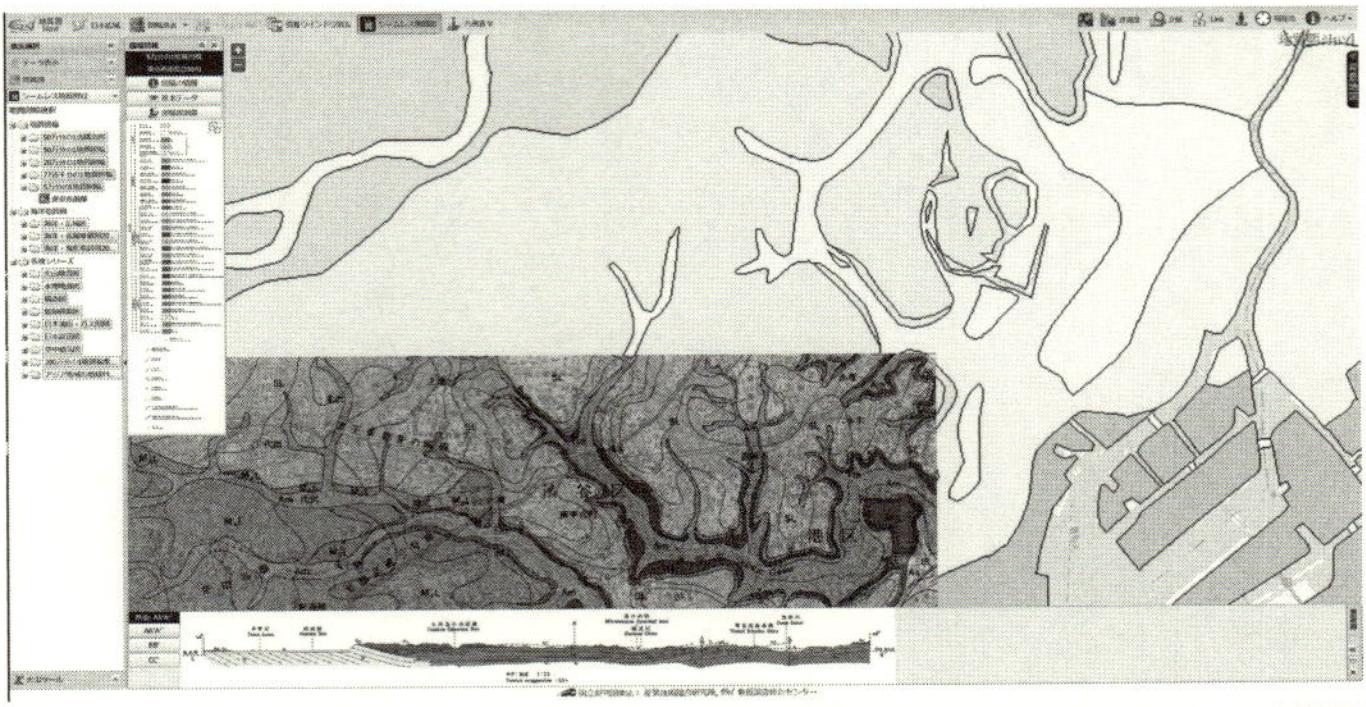

地質図Naviの検索画面。シームレス地質図の範囲内にある5万分の1地質図幅が表示された状態（左下部分）。下部分には図幅の地質断面図が表示される（産総研、GSJ公式サイト、地質図Naviより）

地質図、火山地質図などを、画面上に表示したシームレス地質図の地域や縮尺に合わせて、その範囲に含まれる図面や解説図と一緒に閲覧できる。

なおシームレス地質図はＧＩＳ（Geographic Information System、地図や空間情報をコンピュータ上で管理するシステム）などでの利用を想定してベクトル形式のデータが公開されているほか、地図画像配信にも対応しており、利用上の自由度が高い。しかしながら、もとの縮尺を大きく超えて拡大するような使用方法は避けるべきであろう（例えば20万分の1地質図のベクトルデータを5万分の1にまで拡大するなど）。データの配信元が保証している作成精度を超えてしまうからだ。

参考URL●【地質図カタログ・購入方法】https://www.gsj.jp/Map/JP/purchase-guid.html【日本シームレス地質図】https://gbank.gsj.jp/seamless/【日本シームレス地質図（スマートフォン用）】https://gbank.gsj.jp/seamless/smart.html【地質図Navi】https://gbank.gsj.jp/geonavi/

「地質」「地学」という言葉が意味するもの

vol.11

第一章の最後に改めて「地質」や「地学」という言葉について考えてみたい。筆者は四歳の時に恐竜が好きになり、それからずっと幼稚園で古生物について調べていた。その頃は、地学という学問の存在すら知らなかった。小学校に上がると図書室で地学の本を読み、それが古生物学とリンクしているらしいということに気付いた。中学・高校で地質学の先生から地層と化石の関係について習い、大学に入ってからは「地球学類」を専攻し、微生物の化石を統計処理して地球の構造や古環境史を調べる方法を学んだ。そして今現在は、化石や地層などの情報を３Ｄデータとして処理したり、ＶＲを使って全世界で共有する方法について研究したりしている。振り返ってみると、古生物学にまず興味を持ち、そこから地質学を少しだけ学び、さらに地球科学を核としてさまざまな分野に染まったわけである。

地質という言葉は、地下の岩石や地層の性質を指すものであり、それを研究するのが地質学だ。地質学は様々な分野の学問から構成される総合的な研究分野である。例えば地層のできた順序を考える**層序学**、地層が堆積する物理現象について研究する**堆積学**、岩石をつくる物質について研究する**岩石学**、その岩石の構成要素である鉱物について調べる**鉱物学**、火山の性質について調べる**火山学**、断層やプレートテクトニクスなど岩石や地層の変形について考える**構造地質学**、そして岩石や堆積物に含まれる化石から年代や古環境を調べる**古生物学**などがある。

加えて最近ではより広い視点から地球をとらえるため「**地球科学**」ないし「**地球惑星科学**」という言葉が用いられることもある。これは地球上で起こる様々な現象を多面的にとらえるため、「宇宙惑星科学」「大気水圏科学」「地球人間圏科学」「固体地球科学」「地球生命科学」といった分野で構成された学問だ。この分野をテーマとした「**日本地球惑星科学連合**」という学術団体もある。個人会員9000名以上、団体会員50学協会（2016年9月末現在）という巨大な組織で、構成員も研究者や技術者に限らず、教育関係者や科学コミュニケーターなど様々である。年に一度、幕張などで大規模な学術大会を行っており、宇宙から地球のこと（例えば太陽系の惑星や月の探査など）、大気学や水文学、スーパーコンピュータによるシミュレーション、海洋と陸域の物質循環、ロボットやドローンを使った野外調査、ジオパーク、そして学校教育に至るまで、地球惑星に関係するあらゆる分野の議論が行われている。高校生向けのセッションもあるので若い方にもお薦めしたい。このように地学は様々な自然科学と関わりながら、発展を続けている。

筆者が最近行っている研究の一例。三葉虫の化石標本（幅約 10cm）を **3D データ化**したもの。幅約 10cm

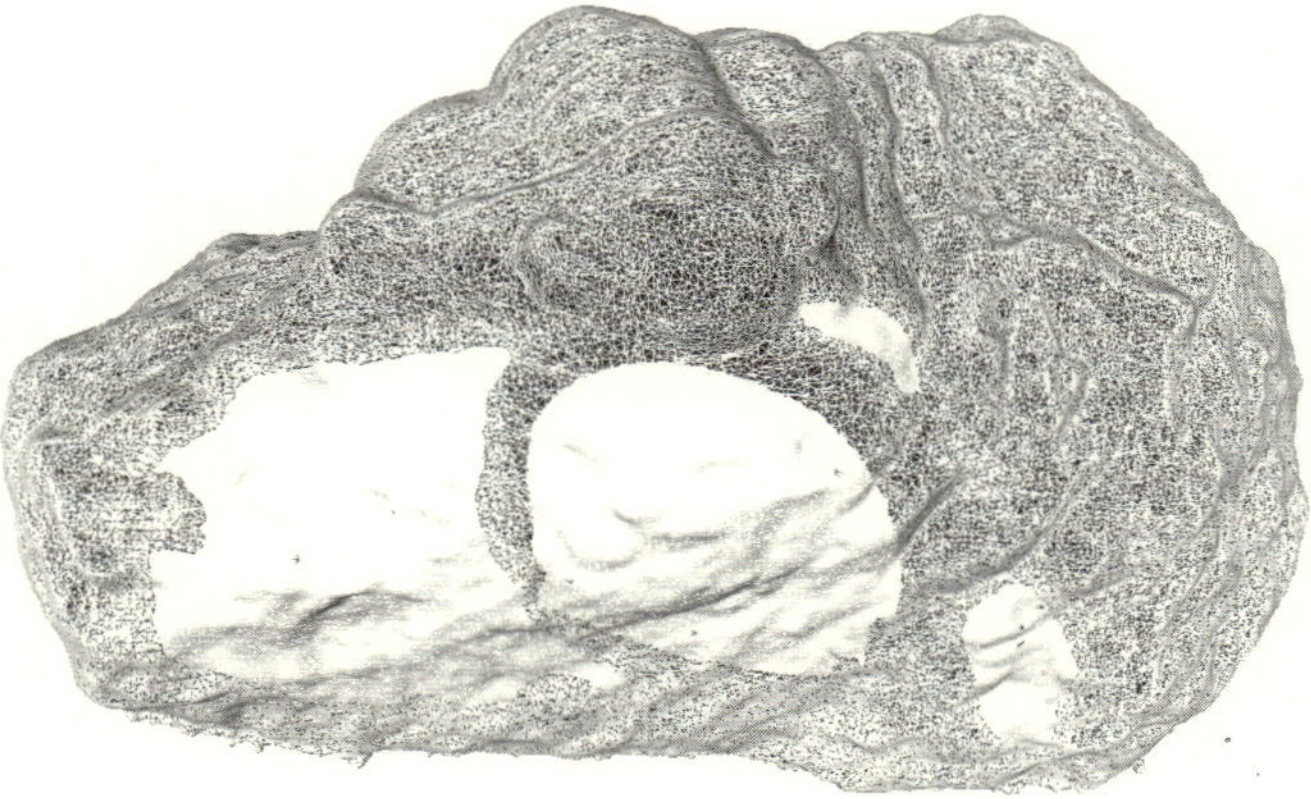

この写真は一見すると写真のようだが、化石を精密に測定した 3D モデルであり、**ワイヤーフレーム**と呼ばれるデジタルデータに画像を貼り付けたものだ。これを使って形状の測定を行うほか、ほかの博物館との情報交換などを行う

第2章

化石が教えてくれる、地面と地球のこと

vol.1

なぜみんなが化石を研究しているのか

誰しもが子供のころに興味を持つ分野がある。電車、飛行機、ロボットなど、子供を惹きつけるものは様々だ。化石や恐竜もそのカテゴリに含まれるだろう。成長するにしたがって段々とそれらへの興味を失う人がいる反面、大人になってもまったくやめずプロへの道を邁進する人々もいる。

しかし古生物学者を研究に駆り立てるのは、もちろんそうした原初のエネルギーだけではない。化石の採取と分析は研究上とても重要なことだからやる、というのも重要なモチベーションである。例えば筆者が大学の卒業論文として選んだテーマは、富山県有峰《ありみね》地域にある**手取《てどり》層群**の化石を調べる、というものであった。手取層群とは富山県・石川県・福井県・岐阜県にまたがる中生代ジュラ紀から白亜紀前期にかけての地層である。恐竜の化石が多く発掘されるのもこの地層だ。実際には二枚貝や植物化石を発掘して、手取層群の分布を再検討したがあまり芳しい結果は得られなかった。これに懲りず、大学院に入ってからは**有孔虫《ゆうこうちゅう》**と呼ばれる微生物化石の研究を行った。今度は北太平洋の海底の泥から有孔

海洋開発研究機構（JAMSTEC）の海洋地球研究船「みらい」。全長 128.5m

虫を数年かけて約10万個体を顕微鏡下で拾いだし、これを統計処理することで環境変動を調べた。対象となった時代は約2万年前から現在にかけての期間、すなわち最終氷期最盛期が終わって徐々に温暖化が始まる時代だ。こちらは地球の温暖化や寒冷化に伴うダイナミックな環境変動を明らかにすることができたため、比較的よい研究結果が得られた。このように、一口に化石を研究するといっても対象となる時代や化石の大きさ、性質に至るまで千差万別なのである。もう少し他の化石研究も見てみよう。対象となる化石や時代によって様々な研究分野がある。

【微古生物学】

炭酸カルシウムの殻をもつ有孔虫（大きさ100μm《マイクロメートル》以上）、二酸化珪素の殻をもつ

写真左手前から右奥に向かって伸びている筒状の物体がピストンコアラーと呼ばれるもので、全長約20mある。これを縦方向にクレーンで吊り下げて海底に落とし、堆積物を採取する（写真撮影　神戸大学大串健一氏）

放散虫（数十～数百㎛）、そして花粉などなど、様々な種類の微小な化石を扱う分野である。有孔虫や放散虫などの海洋微生物の化石は、海底の泥などに大量に含まれている。この特質を生かし、数千個～数万個のサンプルを使って本格的な**統計処理**を行うことができるのが微化石の大きな強みである。例えば海底から採取したボーリングコアに含まれる堆積物から微化石を拾い出し、微化石群集の種類や構成によって環境の変化を推定する。単純に個体数や割合を見るだけでなく、主成分分析やクラスター分析というデータ分析が行われる場合もある。

【古植物学】

　植物化石は枝葉や種子などの断片的な形で発掘されることも多い。例えば中生代のシダ

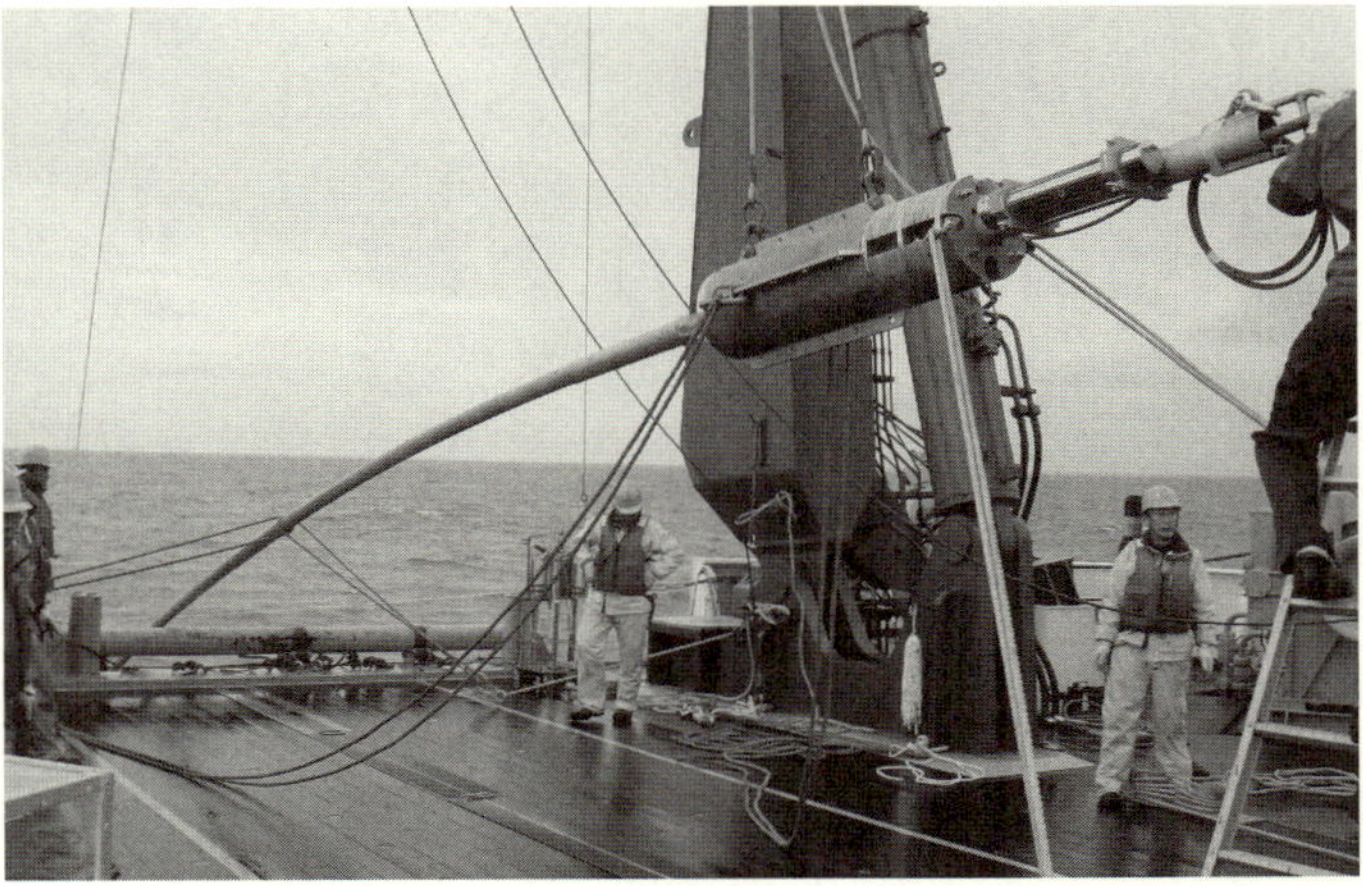
ピストンコアラーをクレーンでつり上げて垂直に海中へと投下する直前の様子

植物化石が産出した場合は、葉全体の形態、脈の数、分岐のパターンなどが細かく調べられる。また植物体そのものが残っていなくとも、外形や葉などの痕が残っている場合もあり、印象化石の一種として扱われる。映画『ジュラシックパーク』（1993）に登場したエリー・サトラー博士は、古植物学専門の女性研究者という設定であった。

【分子古生物学】

堆積物や化石の中に残っている分子化合物を調べる学問である。特に生物がもたらしたと考えられる物質を化学化石と呼び、その中でも元となった生物が特定できるものをバイオマーカーと呼んでいる。例えば植物起源のものを堆積岩の中から調べ、当時の植生を復元するなどの研究に利用されている。

「化石」に定義はない!? 詳しく分類してみよう vol.2

化石とは何だろうか。名前に「石」とつくことから、カチコチに石化した生物の遺骸をイメージされる方も多いかもしれない。しかし実際には、石化していることは化石であることの必須条件ではない。例えば「体全体の何パーセントが鉱物に置換されていれば化石と呼ぶ」などといった厳密な定義はない。とはいえ慣例的に、約一万年以上前のものを化石と呼ぶことになっている。一万年前といえば最後の氷期が終って地球が徐々に温暖化をはじめ、人類が次第に文明的な生活へと向かいつつあったと考えられている時期だ。それゆえ、人類の歴史について研究する考古学分野においては、地層から出土した生物遺骸のことを「遺体」もしくは「遺存体」と呼称することが多い。だから縄文人の骨が出土した場合、それを「縄文人の化石」と呼ぶことはあまりない。

博物館で小中学生からよく受ける質問の一つにこのようなものがある。「地球に何億年も昔から生物がいたのなら、彼らの化石で地球が埋め尽くされてしまうのでは?」というものだ。しかし化石として保存されるのは生物のうちのごく一部である。生物が死ねば最

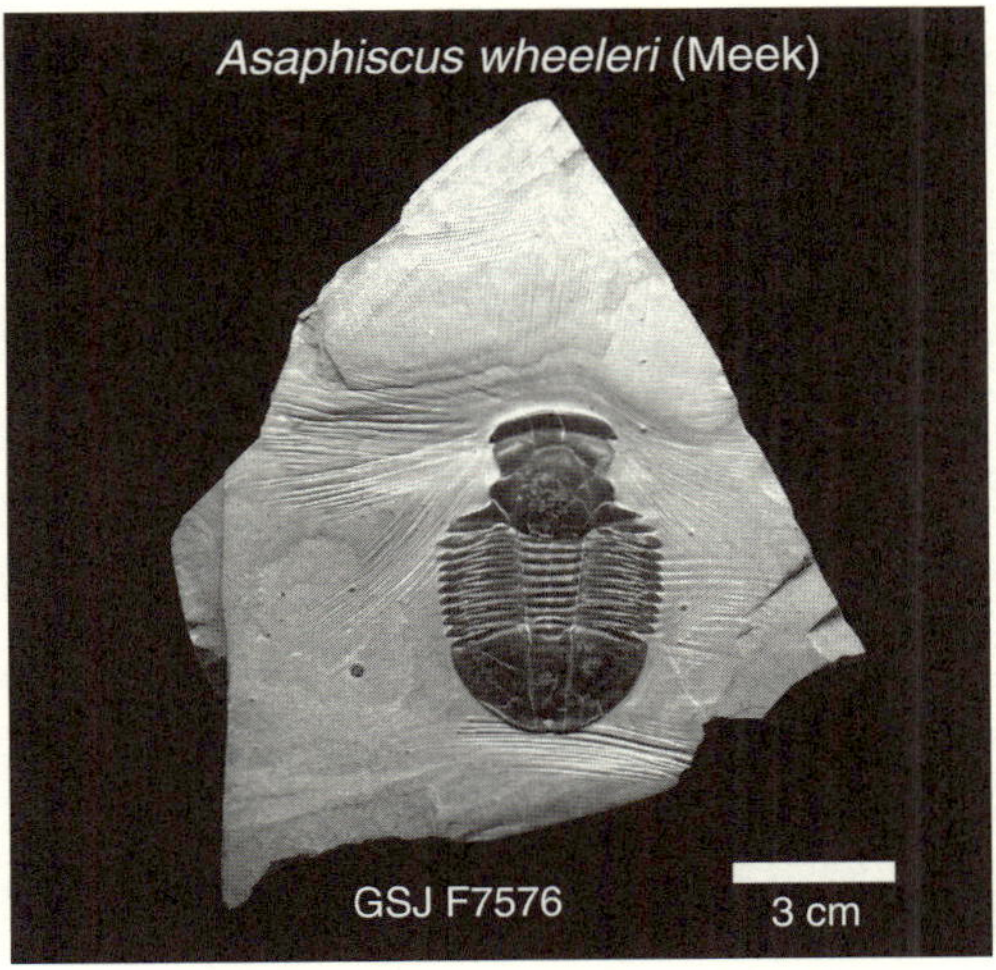

三葉虫（地質標本館登録標本 GSJ F7576）

初に肉などの軟体部が腐り、その後長い時間をかけて骨や殻といった硬い組織も風化により失われてしまう。しかし海や湖、川底などの環境ですみやかに堆積物に埋まった場合は、骨や殻が風化せずに保存される場合がある。

さらに長い年月をかけてその上にどんどん堆積物が積もってゆくと、堆積した地層の重みによって圧密作用や膠結《こうけつ》作用が起きる。前者は堆積物の粒子の間にある水（**間隙水**《かんげきすい》）が圧力により押し出されて粒子が固結してゆく作用、後者は間隙水に溶け込んだ二酸化珪素や炭酸カルシウムが沈殿して粒子同士を固着する作用だ。これら**続成作用**と呼ばれる現象によって化石は作られ、化石を含んだ地層が地殻変動や海水準変動によって地上に現れた時、初めて我々の目に触れるチャンスが訪れる。

アンモナイトの印象化石。幅約6cm（著者所蔵）

つまり化石とは偶然の産物であるがゆえに、化石で地球が埋め尽くされてしまうことはないのである。

博物館で展示されているものの多くは、「体化石」と呼ばれるものだ。しかし化石の種類は体化石だけとは限らない。それぞれのグループ分けについてもう少し詳しく見てみよう。

【体化石】

体化石とは、生物の体の一部もしくは全体が保存され、肉眼で判別できる大きさのものだ。生物の骨格や、二枚貝の殻などの固い組織を持つ生物は体化石として保存されやすい性質を持つ。

【微化石】

顕微鏡を使わないと判別できない大きさの

化石を微化石と呼ぶ。例えば海底の泥には一立方センチあたり数百匹から数千匹におよぶ微生物の化石が含まれていることがある。このように微化石は少ない試料にも数多く含まれているため、示相化石《しそう》（P.60参照）として高密度の情報を得ることが可能だ。

【生痕化石】

生痕《せいこん》化石とは生物がもたらした活動の痕跡である。例えば地層の表面に残されたカブトガニなどの這い痕、サンドパイプと呼ばれるカニやゴカイなどの巣穴の化石、恐竜の足跡などである。足跡化石を記載する場合は、輪郭、指の長さ、指同士の角度の測定などを行うほか、シリコンや石膏で型をとって計測を行ったりもする。最近ではレーザースキャナーを用いてデータ化する方法も使われている。生痕化石には、それ独自の学名が与えられることもある。

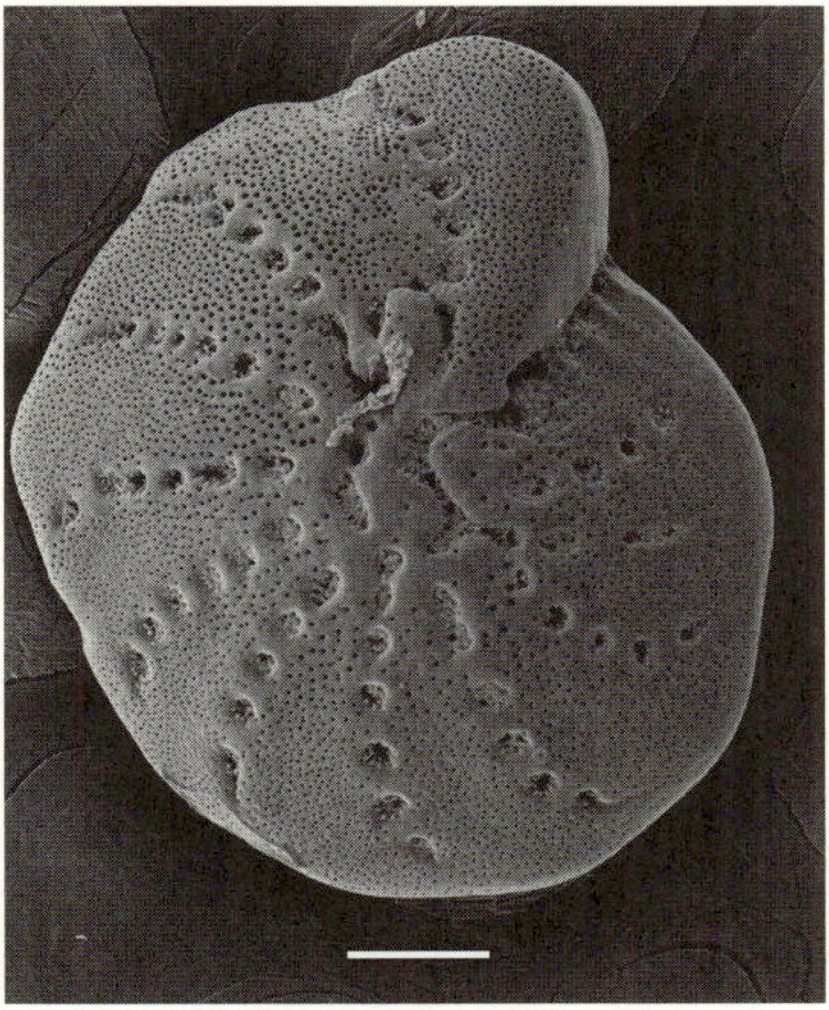

有孔虫（白いバーは 0.1mm）

vol.3 化石からわかるのは「その生物のこと」だけじゃない

化石からは大きく分けて二つの情報を得ることができる。一つは「**時代**」、もう一つは「**環境**」だ。

示準化石《しじゅん》という言葉を中学校で習った記憶のある方も多いと思う。例えば三葉虫は古生代の示準化石だ。すなわち地層から三葉虫が発見されれば、その地層は古生代に堆積したことが分かる。三葉虫は節足動物門に属すると考えられており、古生代カンブリア紀の前期に出現した。その後古生代の前半に大繁栄したが、シルル紀（約4億4370万年前〜約4億1600万年前）から徐々に多様性と個体数を減らしてゆく。最終的には古生代ペルム紀末期に起きた大量絶滅で地球上から姿を消してしまった。このように生物は絶えず進化を続け、その形を変えてきたため、特定の形（種類）の化石が地層から出れば、それは特定の時代のものであると分かるわけだ。

アンモナイトは中生代の代表的な示準化石だが、実は中生代の前の時代である古生代のデボン紀から生息している。古生代のアンモナイトはゴニアタイト類、中生代三畳紀に繁

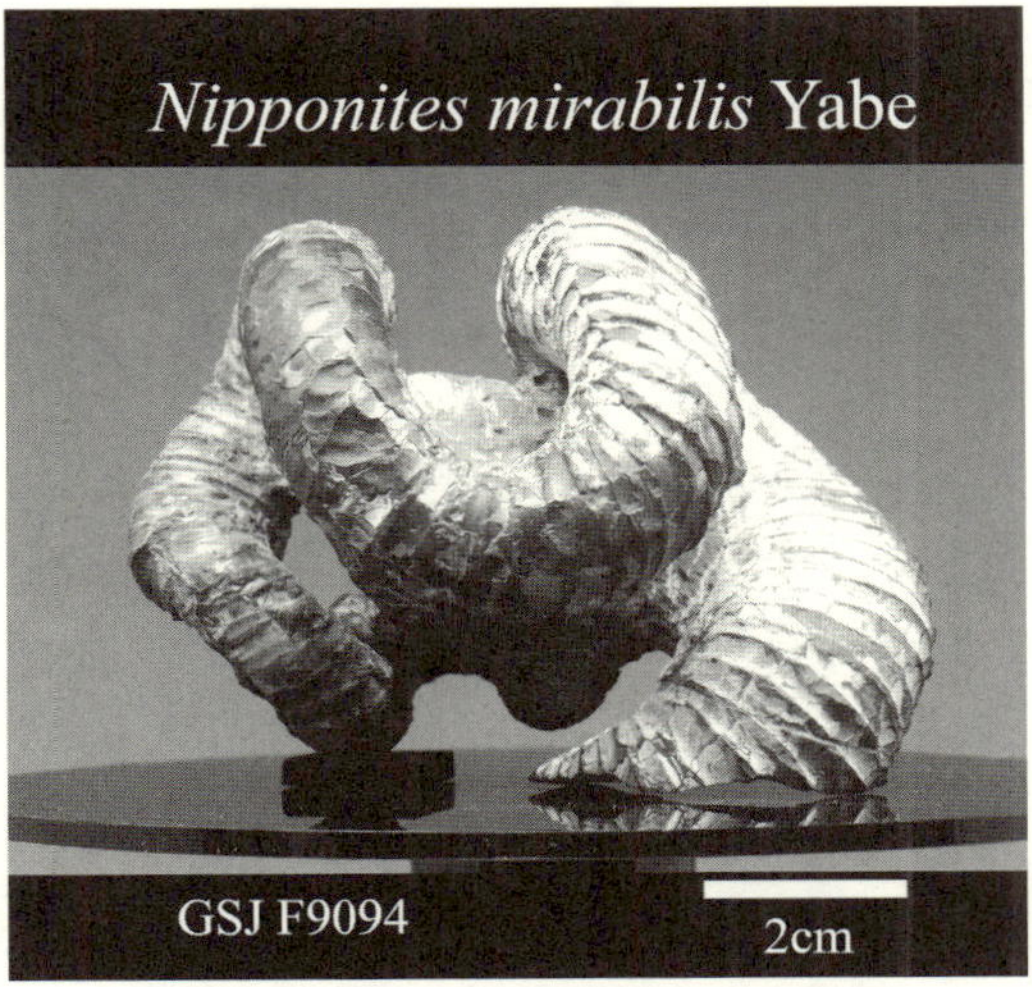

異常巻アンモナイトの一種、*Nippo nites mirabilis*
（地質標本館登録標本GSJF9094）

ティラノサウルスの頭骨レプリカ
（地質標本館登録標本GSJ F17244）

栄したものはセラタイト類、ジュラ紀から白亜紀にかけて繁栄したものはアンモナイト類という風に分類されている。アンモナイトは特徴的な殻をもつため巻貝と思われることもあるが、実際にはタコやイカなどと同じ頭足類である。今現在も地球に生息しているオウムガイも頭足類に含まれ、アンモナイトに近い祖先を持つ。

アンモナイトは種類、殻の大きさなどの多様性が高く、世界最大のものはドイツ産で直径約2mのものが知られている。また殻の巻き方も様々で、巻がほどけたような「**異常巻アンモナイト**」と呼ばれるものも存在する。しかし異常巻アンモナイトの構造には一定の法則性があるという研究もある（岡本、1984）。現在、この化石をVR展示するため、3Dスキャナを使って立体計測を行っている最中である（芝原・利光、2016）。なお実際には示準化石はもっと細かなグループ分けがなされており、それぞれの時代の特定に役立っている。示準化石に適しているものは、かつて世界の広い範囲に分布していて、なおかつ短期間で進化した生物だ。

環境の指標となるのが「**示相化石**」だ。例えば化石サンゴが発見されれば、それを含む地層は暖かい環境の浅い海で堆積したと推定できる。ただし、これらの化石はすべてその場所に生息していたこと（**現地性**）が必須条件だ。どこかで死んだ生物が、本来の生息域から流されてきた場合は、示相化石として適さない。現地性であるかどうかは、化石の産状や完全度などで判断する。元来、生物は環境に適応して分布するものであるから、ほぼすべての化石が示相化石としての性質を持っているともいえる。とはいえ、より特徴的な環境（水深・水温・塩分濃度など）に適応していた生物が、示相化石としてより優れていると言える。

微生物の化石（微化石）も優れた示準化石であり、同時に示相化石でもある。主な微化石は、炭酸カルシウムの殻をもつ有孔虫、二酸化珪素の殻をもつ放散虫などだ。これらの微化石は、少量の試料から大量に採取することが可能で、統計処理にも適している。地質時代を細かく決定し、古環境を知るためにも使われている。

それでは逆に、化石から分からないことはあるのだろうか。種類にもよるが、例えば恐竜の骨格を調べて、生きていた時の体色や皮膚の感触などを推定することは大変難しい。しかし最近ではシノサウロプテリクス（*Sinosauropteryx*）と呼ばれる恐竜の羽毛化石を電子顕微鏡で調べたところ、メラニン色素を含む細胞小器官である**メラノソーム**と思われるものが発見されたことで、恐竜の色に関する研究も進みつつある。かの有名な始祖鳥の化石からもメラノソームが発見された。古生物学者たちは飽くなき研究心をもって、今日も化石から新たな情報を引き出し続けているのである。

「鉱物」とは何を意味している言葉？

vol.4

岩石？　鉱物？　鉱石？

「岩石」とは、普段私たちが街中で目にする石材などの総称だ。岩石はマグマが冷え固まってできる「**火成岩**《かせいがん》」、砂や泥が水の中で堆積して固まった「**堆積岩**《たいせきがん》」、それらが地下の高温・高圧な環境で変質した「**変成岩**《へんせいがん》」などに分けられる。「**鉱物**」とは岩石を構成する天然の**結晶**だ。それぞれ固有の結晶構造と一定の範囲の化学組成をもつ。現在、約４０００種の鉱物が認定されている。そして人間の経済活動に役立つ成分を含んだ鉱物や岩石を「鉱石」と呼ぶ。例えばアルミニウムの原料となるボーキサイトなどだ。

ダイヤモンドやルビー、サファイアなどの宝石も鉱物の一種だ。宝石鉱物はカットや研磨などをされることも多く、人の目に美しく映り、なおかつ希少性が高いことが特徴である。その最たるものがダイヤモンドだ。ダイヤモンドは炭素だけで構成される鉱物だ。このように一種類の元素だけで作られている鉱物を「**元素鉱物**」という。ダイヤモンドの結晶は正八面体で、炭素特有の緻密な結合をしており、たいへん硬い。炭素の元素鉱物では

黒雲母花崗岩（茨城県笠間市稲田産、地質標本館登録標本 GSJR 58250）

もう一つ、石墨というものがある。こちらは真っ黒で軟らかい性質を持ち、人の手でも簡単に傷をつけることができる。両者の性質の違いは炭素同士の結合の様子が異なるために生まれたものだ。ダイヤモンドは地下100km以上のマントル深部で作られると考えられている。そしてダイヤモンドを含んだキンバレー岩などの岩石が地下深部から急速に地上に運ばれてくると考えられている。このことから、ダイヤモンドを調べることで地下深部の環境を探ろうとする研究者もいる。元素鉱物はほかに、自然金や自然銀、自然銅、硫黄などが含まれる。金や銀の鉱石は通常、P.65左の写真のような状態で産出することが多い。しかしごくまれに、天然の状態で非常に純度の高い金が産出することがある。それが

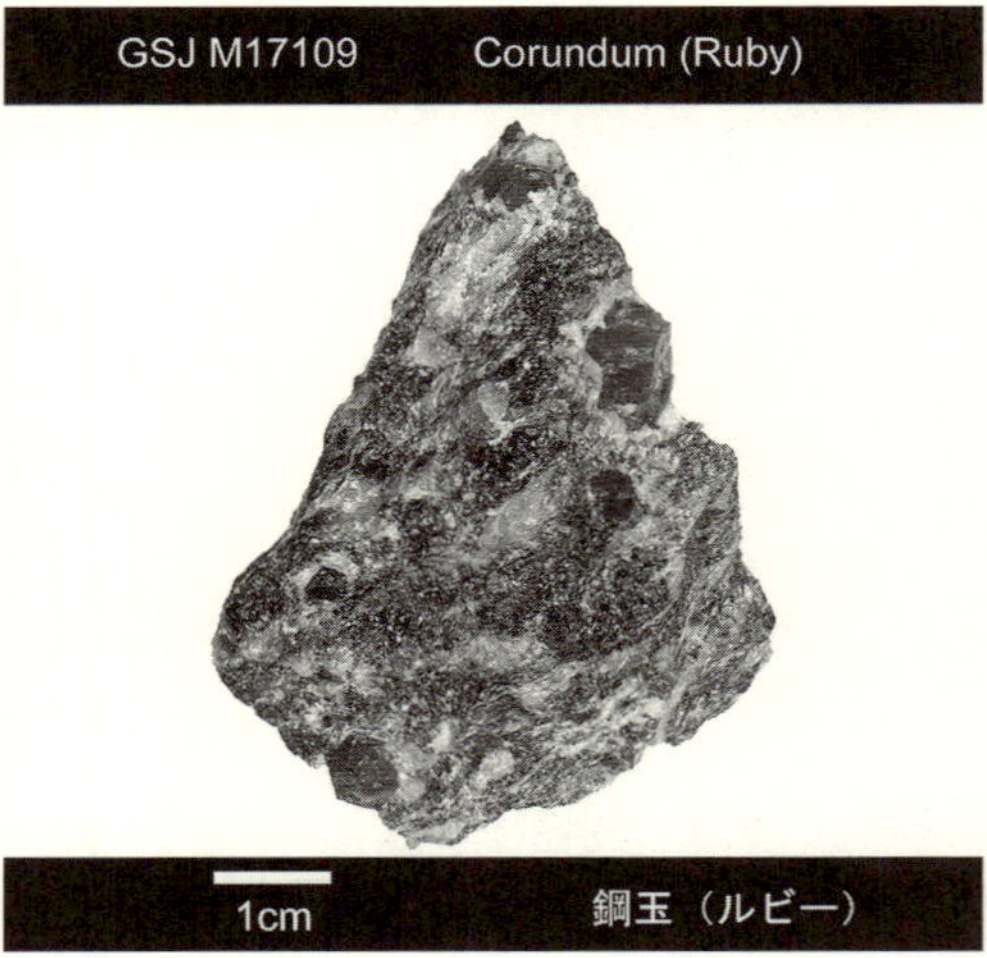

ルビー（地質標本館登録標本 GSJ M17109）

P.65右の写真に示した地質標本館所蔵の自然金だ。宮城県気仙沼《けせんぬま》市の鹿折《ししおり》金山で発見されたもので、日本で産出した標本としては最大級である。総重量は362gであるが、発見時にはこの6倍の大きさであったという。世界的にも稀なサイズと純度であるため通称「モンスターゴールド」と呼ばれている。

ごくたまに自然金と間違われるものに黄鉄鉱や黄銅鉱がある。これらを含む「硫化《りゅうか》鉱物」は鉄、銅、鉛、亜鉛などの金属元素が硫黄やヒ素、テルルなどと結びついてできる鉱物で、金属に似たきらめきを示すの特徴だ。硫化鉱物は金属の原料となる元素を多く含むため、鉱石としても重要だ。

岩石や鉱物を詳しく調べるときは「岩石薄片」という試料が作られる。これは岩石を新

左：金銀鉱石　右：自然金。幅約 10cm（モンスターゴールド、地質標本館登録標本 GSJM14585）

間紙の半分以下の厚さ（0・03㎜以下）まで薄く薄く加工し、岩石が光を通す状態にしたものだ。これを偏光顕微鏡と呼ばれる特殊な機材で観察すると、通常の光学顕微鏡で観察した時とは違った色合いの鉱物組織を見ることができる。これは鉱物の種類によって、光を透過させる性質が異なることが理由だ。この性質によって鉱物の種類や、それらが構成する岩石の名前を決めるのである。産業技術総合研究所には、この薄片を作成する「地質試料調整グループ」という部署があり、世界トップクラスの技術力を持つ。薄片技術は化石の内部構造を調べるときにも使われる。例えば二枚貝、サメの歯、恐竜の大腿骨、アンモナイトなどの断面の薄片資料を観察することで、鉱物の分布や成長線（木の年輪と同じように、成長に伴って形成される線）などを高精度で調べることが可能となる。

地球・天体の研究でなにがわかる？

vol.5

私たちが暮らす地球は太陽系の惑星の一つだ。地球は今から46億年前に誕生したと考えられている。この数字は、隕石などの年代測定結果から得られたものだ。隕石のもととなる微惑星は太陽系形成初期からある微小な天体で、それらが集まって地球が形成されたと考えられているため、隕石を調べて地球の年代を割り出したのである。しかしながら地球上で確認された最古の岩石は約40億年前のものだ。地球の年齢を46億年と考えると6億年分のギャップが生じることになる。これは、形成初期の地球が非常に高温で、**マグマオーシャン**と呼ばれるマグマ（P.82参照）の海が形成されていたため、その期間は岩石の記録がなかったためではと考えられている。このようにして地球は誕生し、現在に至るまで実にダイナミックな変動を続けている。

写真に示したものは**鉄隕石**と呼ばれるものだ。地質標本館の第一展示室入口に飾られており、地球の歴史を語る展示はまずこの標本から始まる。鉄隕石は鉄とニッケルから構成される隕石である。おそらくは別の惑星の金属核が起源であると考えられている。なお茨

約 40 億年前の岩石。幅約 15cm（地質標本館登録標本 GSJR61547）

鉄隕石をスライスしたもの。幅約 30cm（地質標本館登録標本 GSJR78253）

城県つくば市にも1996年1月に隕石が落下している。この時は落下時刻が夕方の4時ごろであったため目撃者が多く、23個の破片が回収された。これらはすべて地質標本館に寄贈され、一部が展示されている。このように隕石の落下は日常的に起こっている。

さて地球の歴史が数字として分かるようになったのは、**放射性元素**による**年代測定**ができるようになった最近のことだ。放射性元素（親元素）は、一定の時間で崩壊して異なる元素になる。これを娘元素という。親元素が半分になる期間を半減期という。親元素が娘元素になる割合は一定であることが分かっているため、岩石中に残っている親元素と娘元素の量比を測れば、その岩石ができてからの年数が分かる。

放射年代測定法にはいくつかの種類があるが、古い岩石の年代を知るためには長い半減期の放射性元素が必要だ。例えばカリウム（K）40は12・5億年の半減期でアルゴン（Ar）40に代わる性質を持つため、これを使った年代測定法をK－Ar法（カリウム—アルゴン法）という。より古い年代を測定するにはRb－Sr法（ルビジウム—ストロンチウム法）やU－Pb法（ウラン—鉛法）などが使われる。逆に新しい年代を測定するためには炭素14法というものが用いられる。炭素（C）14は5730年の半減期で窒素（N）14に変わるため、生物の遺骸だけでなく古文書や遺跡の測定などにも利用されている。こうした方法により、地質年代表に正確な数字をいれることができるようになった。

人工衛星に搭載された光学センサ ASTER で撮影した富士山の写真。上空から地球を観測するのも地質調査の一つだ（産総研地質調査総合センターウェブサイトより引用）

さて地球環境の変動要因は火山活動や隕石衝突だけではない。例えば太陽や月の運動、地球自身の公転軌道による影響、生命の活動、大気や海流の運動などなど、地球の内外で様々な現象が起こり、それが時に作用しあっている。こうしたことから地球を大きなシステムとしてとらえ、それぞれの分野を多岐に渡って議論するのが「**地球惑星科学**」だ。第三章では、こうした要素を一つ一つ見ていきたい。

「県の石」と博物館

vol.6

日本には様々な時代の地層が分布しているため、そこから産出する化石も多様性に富んでいる。自分が生活している土地の地層や化石を学ぶことで、その場所の地史を知ることができる。日本地質学会が認定する「**県の石**」を中心にして、それらをいくつかピックアップしてみよう。「県の石」では各県ごとにそれぞれ岩石、鉱物、化石が選ばれている。ここではその中の化石を中心に紹介する。

【北海道】

「県の石」としてアンモナイトが選ばれている。主な産地は空知《そらち》、留萌《るもい》、日高などだ。三笠市立博物館、むかわ町穂別博物館、中川町エコミュージアムセンター、北海道博物館などに展示されている。県の石以外では、むかわ町穂別地域で発見された白亜紀末のハドロサウルス科恐竜化石である「むかわ竜」、三笠市で発見されたモササウルス科の海棲肉食爬虫類「エゾミカサリュウ」などが知られる。

【東北】

岩手県では大船渡《おおふなと》市に分布するシルル紀のサンゴ化石群が選ばれた。岩手県立博物館や大船渡市立博物館に展示されている。山形県の化石は「ヤマガタダイカイギュウ」と呼ばれる大型海棲哺乳類の化石だ。体を大型化させつつ歯と指の骨を縮小・退化させた特徴を持つ。同博物館には体長約4mの骨格が展示されている。宮城県の化石はウタツギョリュウ、前期三畳紀の頁岩《けつがん》から発見された魚竜の一種だ。福島県の化石はフタバスズキリュウである。首長竜（長頸竜）の一種で、長い首と四枚のひれを持つエラスモサウルス科に属する。福島県立博物館やいわき市石炭・化石館で見ることができるほか、国立科学博物館でも展示されている。

【関東】

茨城県の化石は古いゾウ類であるステゴロフォドンである。2011年に高校生が発見したことでも話題となった。ミュージアムパーク茨城県自然博物館で見ることができる。栃木県のものは那須塩原の木の葉化石。同地の木の葉化石園や栃木県立博物館、そしてつくば市の地質標本館にも展示されている。埼玉県では束柱目《そくちゅうもく》の絶滅した大型哺乳類「パレオパラドキシア」が認定されている。埼玉県立自然の博物館で展示中だ。東京都の化石は、この本の冒頭でも紹介したトウキョウホタテだ。北区飛鳥山博物館や神奈川県立生命の星・地球博物館で展示されている。

【中部・甲信越】

長野県の化石はナウマンゾウ化石。野尻湖ナウマンゾウ博物館で展示中だ。岐阜県の化石は大垣市の金生山《かなぶやま》から産出するペルム紀の化石群である。同地で発見されたフズリナ化石は有孔虫の一群で、日本産として記載された最初の化石であるといわれる。金生山化石館で見ることができる。福井県の化石はフクイラプトル・キタダニエンシス（*Fukuiraptor kitadaniensis*）。アロサウルス上科のものと考えられている肉食恐竜だ。日本で最初に全身骨格が復元された恐竜でもある。福井県立恐竜博物館で展示中だ。

【近畿・四国・中国】

奈良県の化石はアケボノゾウと呼ばれる小型のゾウ化石である。奈良県立橿原《かしはら》考古学研究所附属博物館が所蔵する。肩高２ｍに満たない大きさだったと考えられている。三重県の化石も、ミエゾウと呼ばれる約３５０万年前のゾウである。学名はステゴドン・ミエンシス（*Stegodon miensis*）。三重県総合博物館に展示されている。大阪府の化石はマチカネワニ。約50万年前のもので、体長約7mから8mだったと推測されている。大阪大学総合学術博物館、大阪市立自然史博物館などで見ることができる。兵庫県の化石は丹波竜と呼ばれる竜脚類（長い首を持った体の大きい植物食恐竜）で、兵庫県立人と自然の博物館で展示中である。

【九州・沖縄】

熊本県の化石は白亜紀恐竜化石群だ。天草市立御所浦白亜紀資料館や御船町恐竜博物館に展示されている。鹿児島県では約1億年前の御所浦層群から見つかった首長竜の化石などを含む白亜紀動物化石群が指定されている。沖縄県の化石は港川人と呼ばれる化石人骨だ。年代測定により1万8000～1万6000年前のものであると判明した。日本人のルーツを今に伝える貴重な標本で、沖縄県立博物館に展示されている。

紙幅の都合上、すべての県についてご紹介できないことをお許しいただきたい。詳細は日本地質学会「県の石」のページで紹介されている。

http://www.geosociety.jp/name/category0022.html

第３章

火山が教えてくれる、地面と地球のこと

火山灰からわかることと、人の生活への影響

vol.1

火山が噴火した場合、噴煙が上がり、その中に様々な大きさの破片や粒子が含まれている。火山活動によって噴出された破片状の固体物質の総称を**火山砕屑物**《さいせつ》と呼び、その中でも直径2㎜以下の破片の集まりで、なおかつ固結していない状態のものを**火山灰**という。つまり火山灰も岩石のかけらの一種である。2㎜以上のものは火山礫と呼ばれるが、実際にはP.79の写真のように様々な大きさのものが混在している。一般的には白色、灰色、黒色、茶褐色などの色を示す。

さて噴火の時に堆積する軽石や火山灰の粒径は火口からの距離と関係している。例えば火山の近くでは大粒の軽石が積もり、離れるにつれて次第に小粒となる。

火山灰は噴火の規模によっては広範囲に広がる。例えばフィリピンのピナツボ火山が1991年に噴火した際には、100㎞離れた首都マニラでも灰が降り、最大で厚さ4㎜の火山灰が積もった。この100㎞とは、富士山と東京の距離とほぼ同じである。さらに大きな規模としては、アメリカ西部のセントヘレンズ山が1980年に噴火した際、火山灰

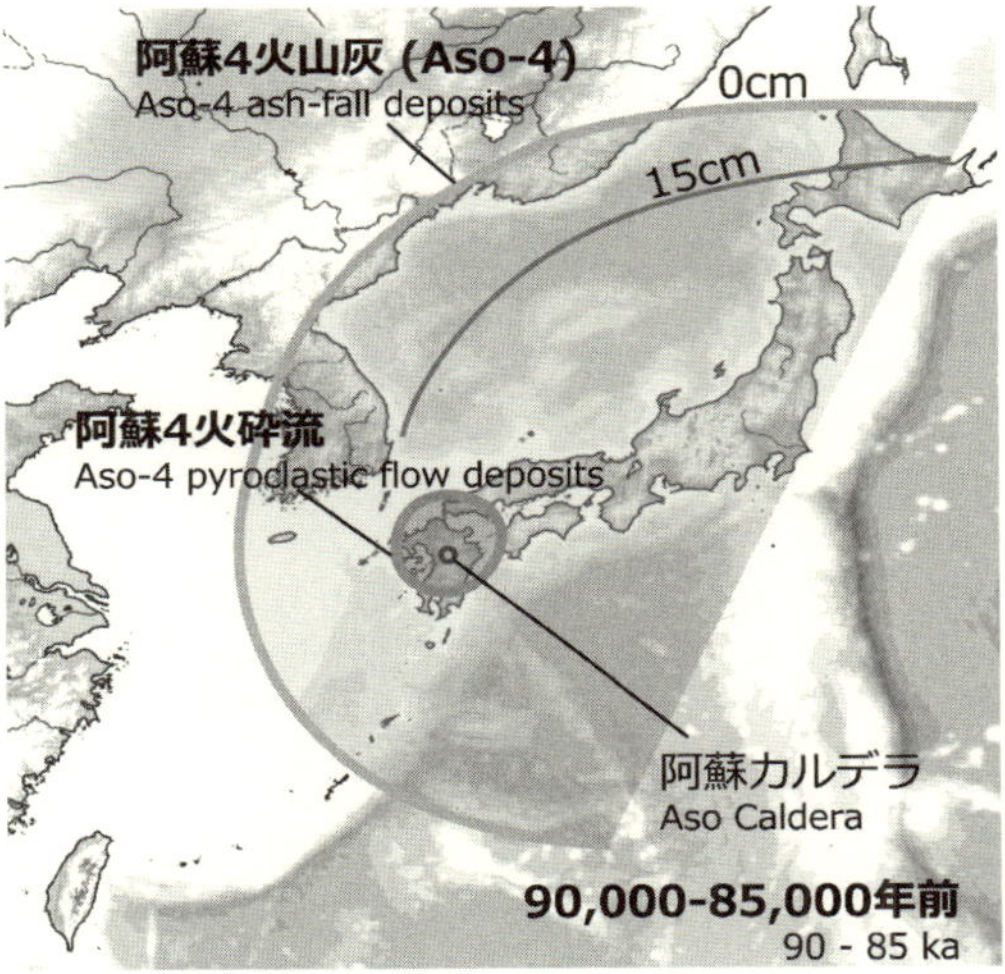

日本周辺における阿蘇４火山灰（Aso-4）広域テフラ分布の地図。９万～８万5000年前（Map:Yug Changed by:Pekachu(CC BY-SA 3.0)

が８００㎞離れた場所に２㎝近く堆積したという例もあるという。

　このように火山灰は広い範囲に堆積するため、火山灰に含まれる鉱物や火山灰層の厚さを各地で調べることで、いつ、どこの火山から噴出した火山灰かが特定できる場合もある。そのため、離れた場所の地層に同じ火山灰の層が見られた場合はそれらの同時間面が分かり、横方向の関係性が見えてくる。こうした調査に利用できる地層を「**鍵層**《かぎそう》」と呼ぶ。例えば今から約９万年前、九州の阿蘇火山で大規模な噴火が起きた際、日本全土を覆う規模の火山灰が噴出した。このように広範囲に広がった火山灰を**広域テフラ**と呼ぶ。広域テフラは、海底から採取した堆積物中で発見されることもある。これが見つかると、堆積物中の地層や微化石から得られる古環境情報に加えて鍵層の情報をも得られることになる。

火山灰はときに人の生活をおびやかしたり、産業や社会インフラに影響を及ぼしたりもする。農業関係では、季節にもよるが降灰によって果樹園や養蚕業、稲作などが被害を受けた記録がある。1978年に桜島が噴火した際には、市電の自動両替機が灰によって硬貨のすべりが悪くなり壊れたとの報告がある。また長崎県の雲仙《うんぜん》・普賢岳《ふげんだけ》の観測を行っていた際には、機械につけられている空冷用のファン、コンピュータのフロッピーディスクの出し入れ口などに灰が詰まり、最終的に故障したという。ちなみにこの機械は窓を閉め切ったプレハブ小屋に設置していたというが、灰の侵入を完全に防ぐことはできなかったようだ。

他方、火山灰や軽石の堆積物は資源としても利用されている。例えば栃木県で採掘される**大谷石**《おおやいし》は**軽石凝灰岩**《かるいしぎょうかいがん》ともいい、火山灰が堆積したものだ。なお凝灰岩はもともと火山から噴出したものだが、堆積によってできたため堆積岩に分類されている。淡い緑色で見た目にも美しく、耐火性があるため建材として利用されている。また写真にも示した鹿沼土は園芸用の砂だが、こちらも火山から噴出したテフラだ。粒の大きさがそろっているため、利用しやすいといわれる。

参考文献●須藤　茂「降下火山灰災害－新聞報道資料から得られる情報」『地質ニュース』(2004年12月号、p.41-65)

九州南部の霧島山中央部にある新燃岳から 2011 年の噴火で噴出した火山灰と軽石（地質標本館第三展示室にて撮影）

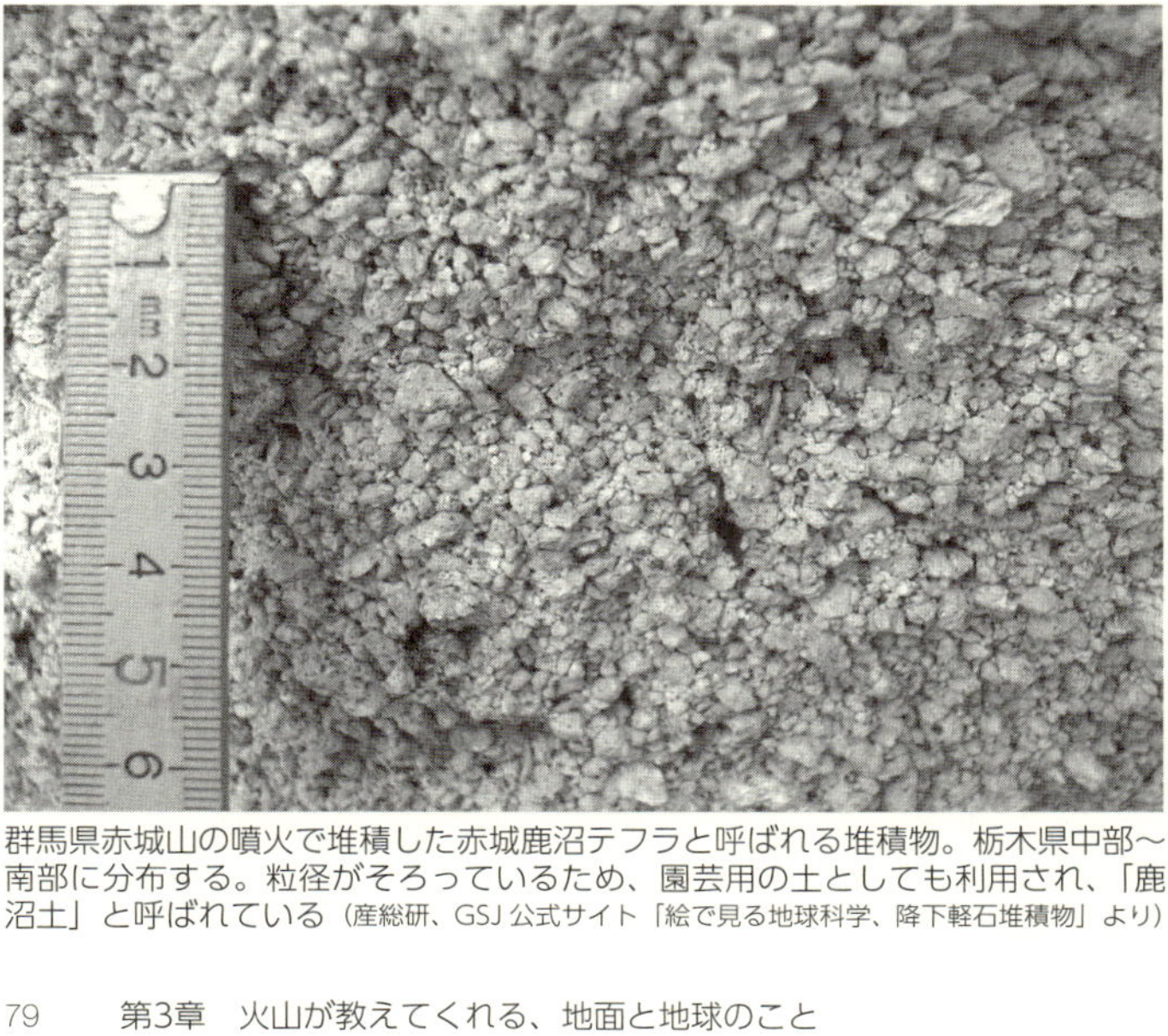

群馬県赤城山の噴火で堆積した赤城鹿沼テフラと呼ばれる堆積物。栃木県中部〜南部に分布する。粒径がそろっているため、園芸用の土としても利用され、「鹿沼土」と呼ばれている（産総研、GSJ 公式サイト「絵で見る地球科学、降下軽石堆積物」より）

火山が「そこ」にあるのも理由がある①

vol.2

火山はなぜそこにあるのか。それを知るためには、まず地球全体の構造を考える必要がある。左に示した図は地球の内部構造だ。地球を同心円状に塗り分けた模式図だ。地球の構造はゆで卵に例えられることが多い。すなわち、一番外側の卵の殻にあたる部分が「**地**《ち》**殻**《かく》」である。地殻は地球の半径約６４００㎞に対して、約２００分の１程度の厚さしかないと考えられている。地殻は厚さが約30～50㎞の大陸地殻と、厚さ約５～10㎞の海洋地殻とに分かれる。地殻の下にある卵の白身に相当する部分、これが「**マントル**」だ。マントルは主に珪素、マグネシウム、鉄、酸素などから構成される岩石だ。マントルの上部は「**かんらん岩**」と呼ばれる岩石でできている。なお地殻とマントルとの境界は「**モホロヴィチッチ不連続面**」と呼ばれている。これは地震波の伝わる速度が急に高くなる境界のことで、１９０９年にクロアチアの研究者モホロヴィチッチによって発見された。

マントルは深度４１０㎞と６６０㎞などの地点を境として、それを通り抜ける地震波の速度が急速に速くなる領域がある。この領域は遷移層と呼ばれており、マントルを構成す

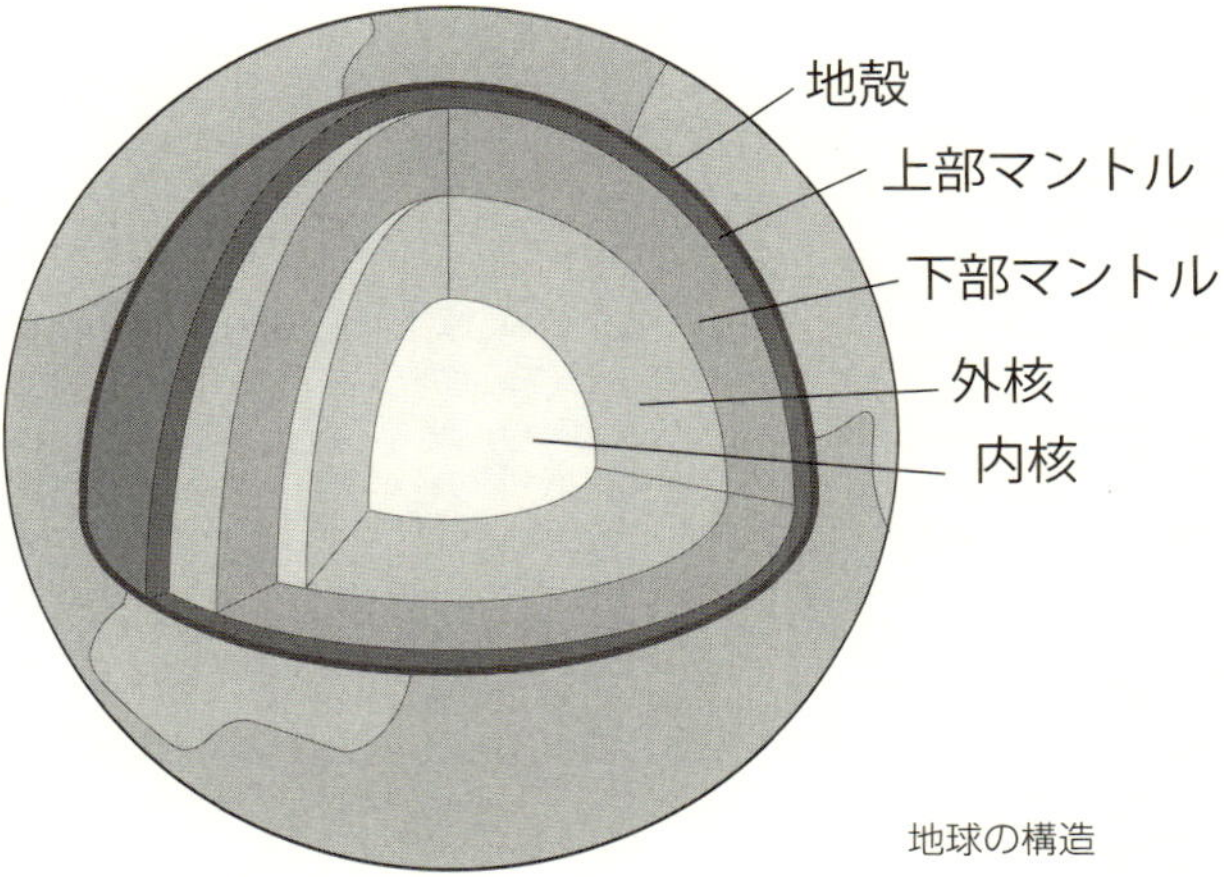

地球の構造

る鉱物の結晶構造が、より高温・高圧の条件下で安定した状態に変わるからだと考えられている。これを相転移《そうてんい》という。

さて地殻とマントルの最上部によって構成されている厚さ約１００㎞の岩盤を「プレート」と呼ぶ。プレートは十数枚に分かれた状態で動きながら、互いに押し合ったり離れたりの状態となっている。プレート同士の運動境界においては様々な現象が発生することが知られている。地震や火山などもその一つだ。だから火山の場所も、プレート運動との関係が大きい。

さてマントルのさらに内側には卵の黄身に相当する部分である「核」が存在する。核は主に鉄とニッケルで構成されると考えられており、半径は約３５００㎞である。核は二層に分かれており、外側の外核は液体、内側の内核は固体と推測されており、外核の流れによって地球の磁場が作り出されている。外核の温度は外側で約4400℃、内核に近い部分で約6100℃と見積もられている。

　地球はゆで卵に例えられると書いたが、図のようにきっちりと同心円状になっているわけではない。場所よって、地震波の速度や相転移の起こる深度が変わることが分かってきており、同じ深さでも場所によって温度条件が違うのではと考えられている。

　さて火山から赤い物体が噴出される様子は報道などで見たことのある方も多いだろう。これは**マグマ**と呼ばれる、高温で溶融している物質だ。マグマは地殻の下部もしくはマントル上部が部分的に溶けて作り出されたものだ。マグマを構成する物質は、冷え固まると岩石になる成分と、揮発性成分（二酸化炭素や水）の二種類に分けられる。前者は火山岩や深成岩《しんせいがん》となる。火山岩はさらに流紋岩《りゅうもんがん》、安山岩《あんざんがん》、玄武岩《げんぶがん》などに分類される。これは元となったマグマの化学組成がことなるためだ。

　マグマの発生する条件は温度と圧力、そして含まれる水分によって決まると考えられている。こうした条件がそろうのは、プレートの沈み込み帯、**海嶺**《かいれい》、ホットスポットなどである。そしてマグマのできる場所が、火山が存在する場所となる。なお海嶺とは地下から新しいマントルがどんどん上昇して火山活動が起こり、海洋地殻が作られている海底の山脈である。

富士山の立体火山地質図（地質標本館第三展示室にて撮影）

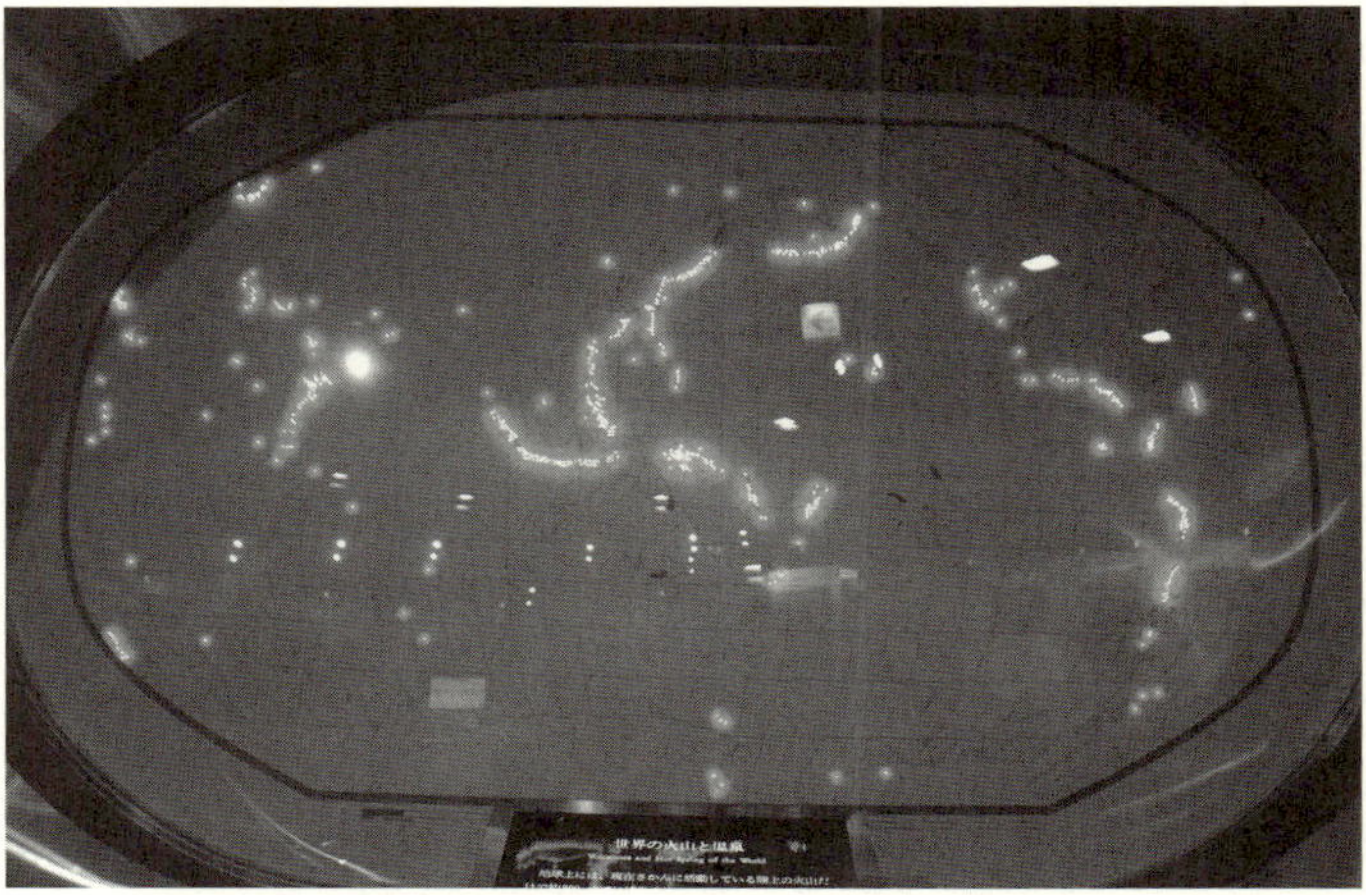

火山の世界分布。点が活火山の場所を示す。右側が太平洋で、火山の帯で周囲を囲われているのが分かる（地質標本館第三展示室にて撮影）

火山が「そこ」にあるのも理由がある②

vol.3

さて前項では地球の構造やプレートの状態などについて書いた。これらをもう少し詳しく見ていこう。

地球を覆っているプレートは、地殻とマントルの上部によって構成された厚さ約100km程度のもので、左ページの図（巻頭カラーも参照）のように十数枚に分かれている。プレート同士の運動境界をプレート境界と呼び、それぞれが近づきあう「収束型境界」、離れてゆく「発散型境界」、そしてお互いすれ違う「横ずれ型境界」などにタイプ分けされる。収束型境界の代表的なものが日本列島の太平洋側で、ここでは陸側のプレートの下に海洋プレートが潜り込んでいる。この場所を「**沈み込み帯**」という。沈み込み帯では深い**海溝**が形成される。日本海溝もその一つだ。プレートは深さ百数十kmまで潜り込み、地震などを発生させる。また沈み込む過程でプレートは部分的に融解し、これがマグマとなる。マグマの発生条件は温度・圧力・水分量といわれる。海溝で沈み込むプレートの表面には水分が含まれている場合があるが、そうした岩石は通常よりも低い温度で融解すると考え

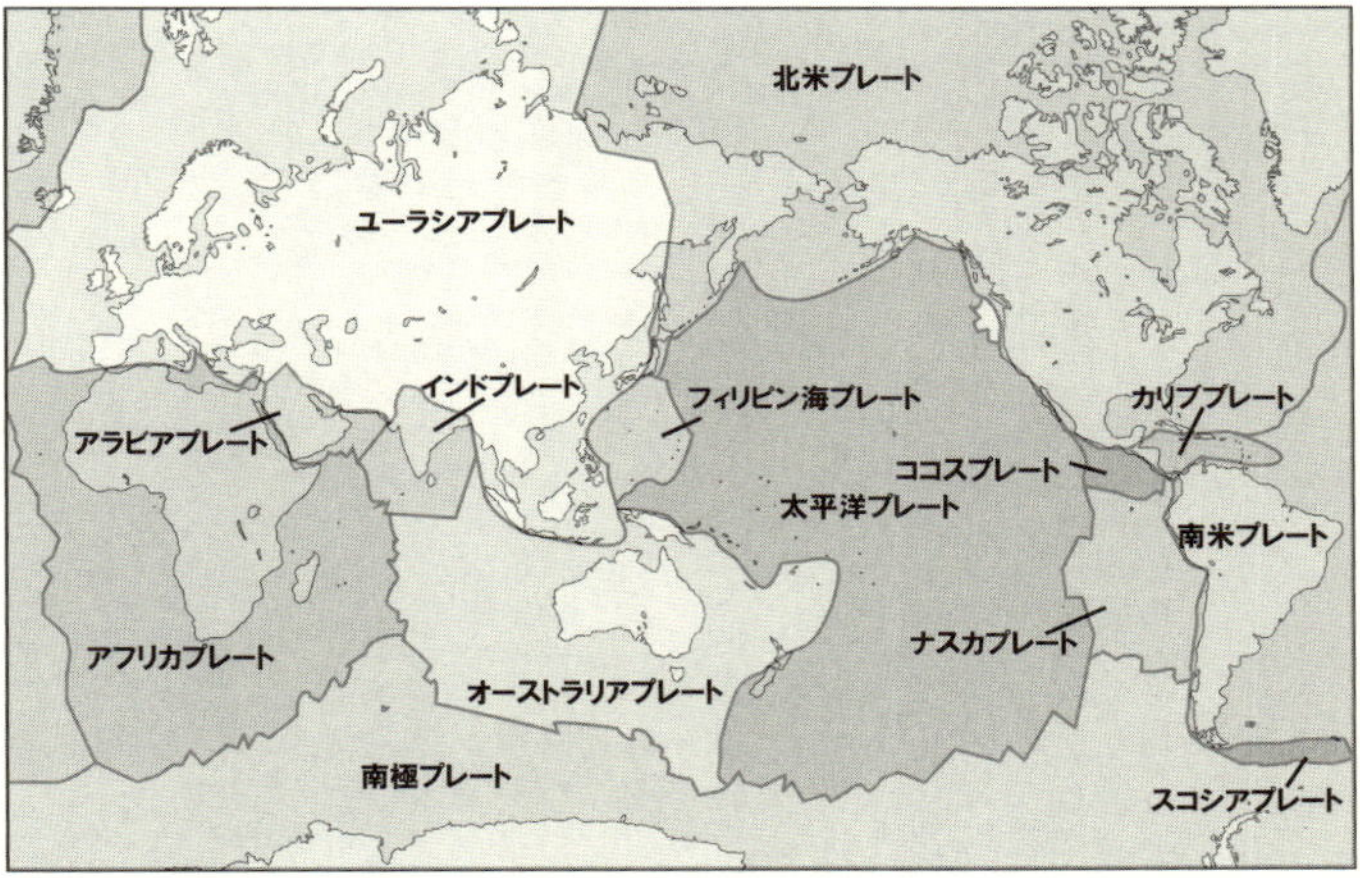

世界の地殻を構成するプレート群。日本は北米プレート、ユーラシアプレート、フィリピン海プレート・太平洋プレートの境界付近にある

られているためだ。

それらの条件が満たされる場所は海洋プレートの沈み込み帯のほかに、海嶺やホットスポットがある。海嶺とは大規模な海底山脈のことで、地下から新しいマグマが供給されて海洋地殻が形成される場所だ。ホットスポットとはプレートよりも更に下にあるマントルの中に存在すると考えられているマグマの発生源のことで、上部にあるプレートが動くため次々と新しい火山が形成されて、火山列島となる。ハワイの火山列島が有名だ。

海洋プレートは沈み込むだけでなく衝突することもある。それが「衝突型」で、ヒマラヤ山脈などに代表される大山脈が形成される。

また海洋プレートが大陸プレートの下に沈み込む際に、海洋プレートの一部（深い部分）が陸側に乗り上げることがある。その結果形成されるのが「オフィオライト」だ。オフィオライトとは単一の岩石名ではなく、海洋プレート由来の地層や岩石の複合体のことを指す。そのためオフィオライトが露出している場所を調べることで、マントルや地殻の岩石、境界部などを直接観察することができる。代表的なオフィオライトは、オマーンの北側にある山脈沿いに分布しており、その大きさは幅80km、長さ500kmである。

このオフィオライトは約2億5000万年前から1000万年前までアフリカ大陸とユーラシア大陸の間にあったテチス海（古地中海）の海洋プレートが、約8000万年前にアラビア半島に乗り上げて形成されたと考えられている。オフィオライトは下から順番に、かんらん岩（マントルの岩石）、層状のはんれい岩、シート状の岩脈群（マグマが上昇した痕跡）、枕状溶岩（溶岩が海中に噴出し、急冷されてできたもの）などの岩石で構成され、一番上に海底の堆積物（チャート、化石など）が乗っている。マントル上部から海底までの岩石や地層が連続して観察できる。このように、地球の構造は地震波による測定と現地調査などを繰り返しながら明らかにされてきた。

参考文献●小笠原正継・青木正博・芝原暁彦・澤田結基『砂漠を歩いてマントルへ－中東オマーンの地質探訪－』（地質調査総合センター研究資料集559、2012）

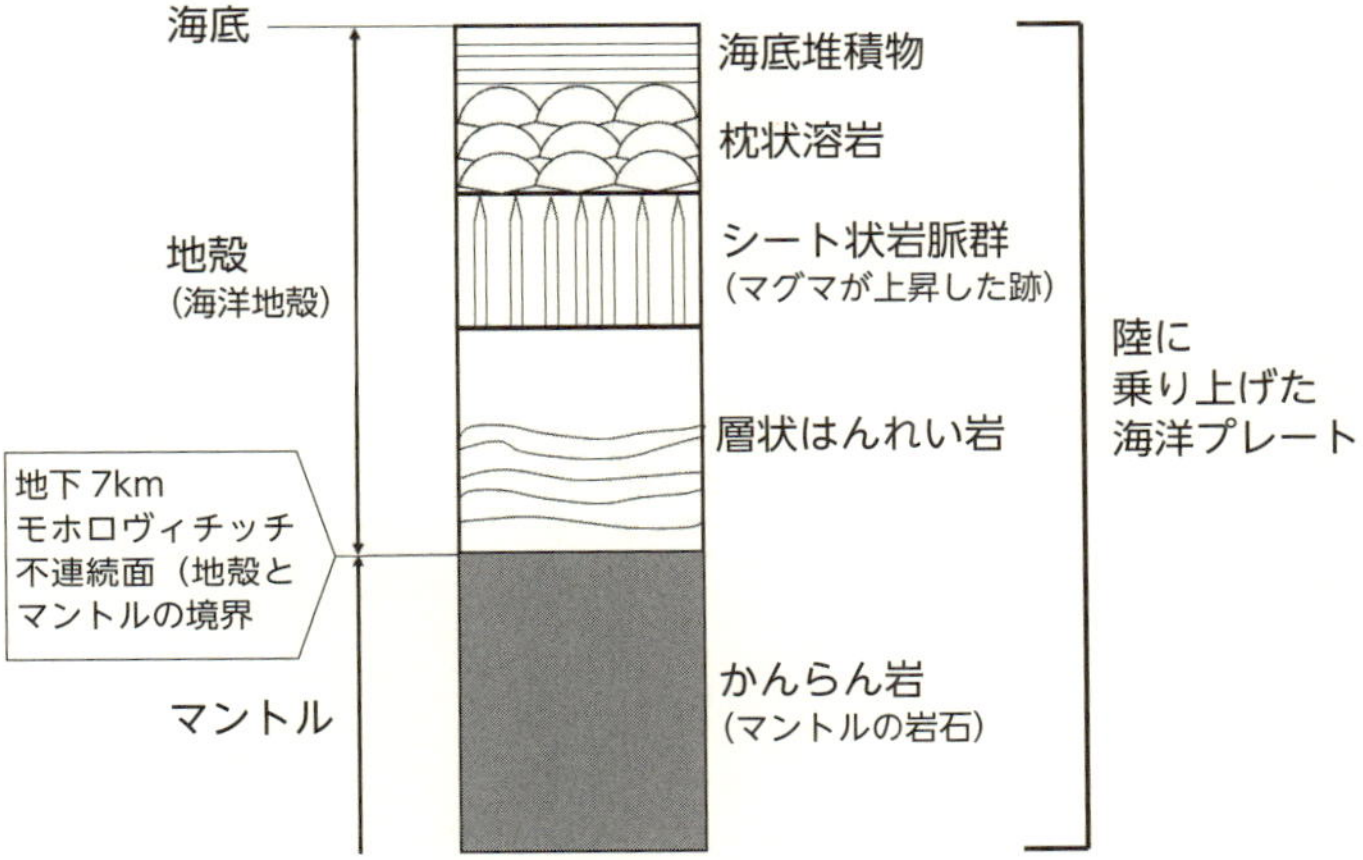

オフィオライトの構造（地質調査総合センター研究資料集 No.559 を参考に作図）

オマーンのかんらん岩。幅約 7cm（小笠原正継氏所蔵、青木正博氏撮影）

日本はなぜ火山が多いのか

vol.4

太平洋プレートなどの海洋プレートが陸側のプレートの下に潜り込むことで地震や火山活動が起きることはすでに述べた。北太平洋・西太平洋・東太平洋などにプレートの沈み込み帯が分布しているため、太平洋を取り巻く形で火山の帯ができている。これが「環太平洋火山帯」だ。日本も環太平洋火山帯の一部に含まれることから、火山活動が多い地域である。

さて本項では火山フロントと呼ばれる線と、海溝の位置図を乗せた。火山フロントとは火山の分布ラインのことだ。この図を見ると、東北地方の火山フロントが、千島海溝や日本海溝、伊豆小笠原海溝とほぼ並行に伸びていることが分かる。また西日本の火山はフィリピン海プレートの沈み込み帯とやはり並行だ。これは海洋プレートの沈み込みと、マグマとの関係によるものだ。

マグマの発生条件は温度と圧力、そして岩石が含む水分の量だ。海溝で沈み込む海洋プレートの表面を構成する岩石には多量の水分が含まれている。水分を含んだ岩石は、通常

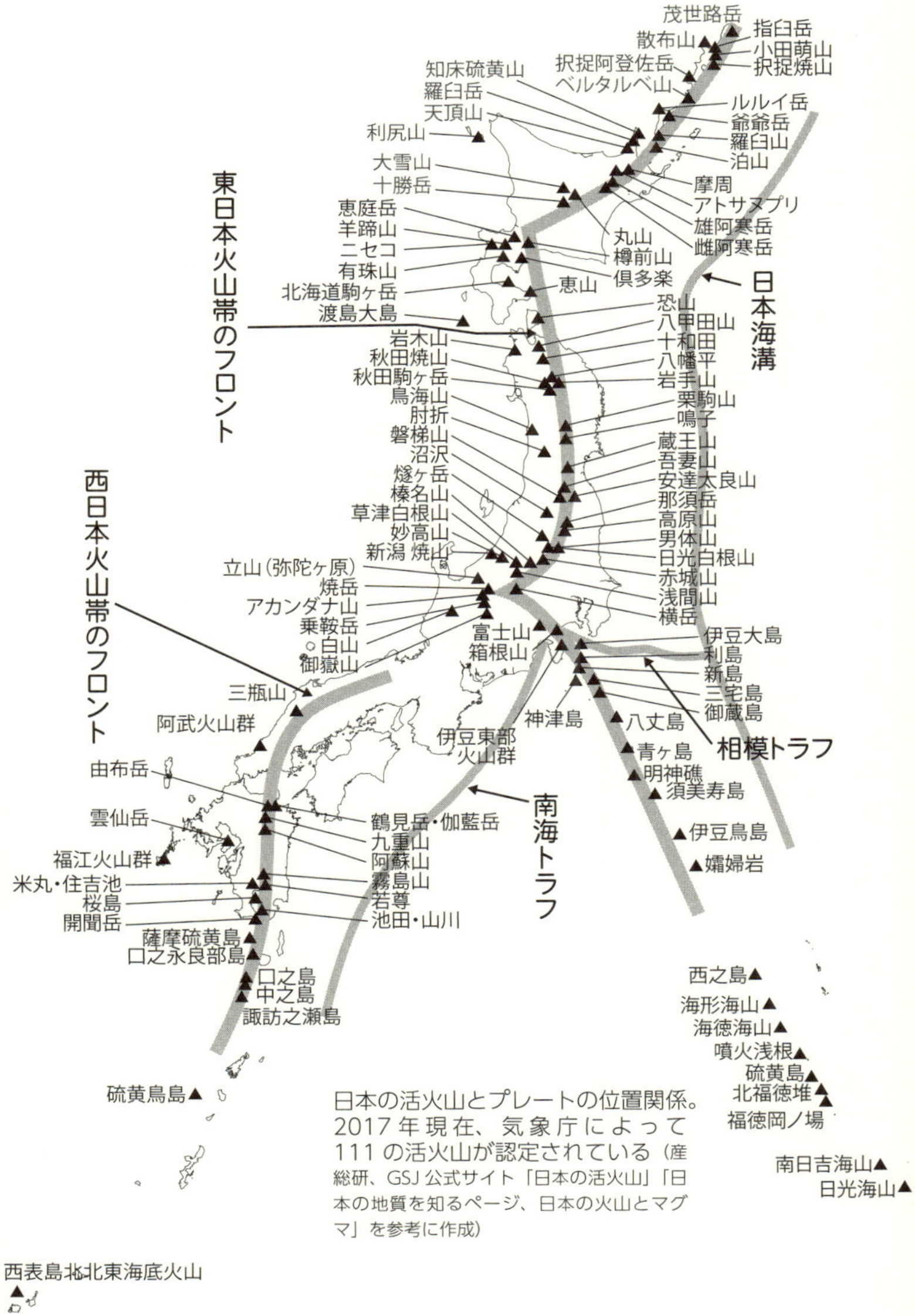

日本の活火山とプレートの位置関係。2017年現在、気象庁によって111の活火山が認定されている（産総研、GSJ公式サイト「日本の活火山」「日本の地質を知るページ、日本の火山とマグマ」を参考に作成）

より低い温度で融解すると考えられている。こうした岩石が地下のある深度で一定の温度と圧力の条件下に晒されると、一部分が融解してマグマになると考えられている。このため、プレートの沈み込み帯から一定の深さに到達するとマグマが発生する。発生したマグマはほぼ真上に向かって上昇するため、マグマが発生した場所の真上に火山が形成される。プレートは斜めに沈み込んでいるため、沈み込み帯から少し離れた場所の地下でマグマが発生し、火山になると考えられている（P.85・88・114参照）。

さて、昔は「休火山」や「死火山」という言葉があったが、これは現在使われていない用語だ。現在は、今後も噴火の可能性がある火山をすべて「活火山」と呼ぶことにしている。具体的には、「概ね過去1万年以内に噴火した火山及び現在活発な噴気活動のある火山」を活火山としている。これは2003（平成15）年に火山噴火予知連絡会によって定義し直されたものだ。

地質調査総合センターではこれら活火山の調査や火山地質図の発行、そしてデータベース化を行っている。日本を代表する活火山である富士山も、50年ぶりに新しく火山地質図が改訂され、10万年間の噴火の歴史が高精度で図化されている。同研究所の火山に関係するデータベースは左記のものだ。

・日本の火山データベース

https://gbank.gsj.jp/volcano/

・火山衛星画像データベース（全世界の活火山の衛星画像を時系列で提供）
https://gbank.gsj.jp/vsidb/image/

・第四紀噴火・貫入活動データベース、大規模カルデラ噴火の影響範囲評価
https://gbank.gsj.jp/quatigneous/

・火山地質図シリーズ一覧
https://www.gsj.jp/Map/JP/volcano.html

火山灰って何？

vol.5

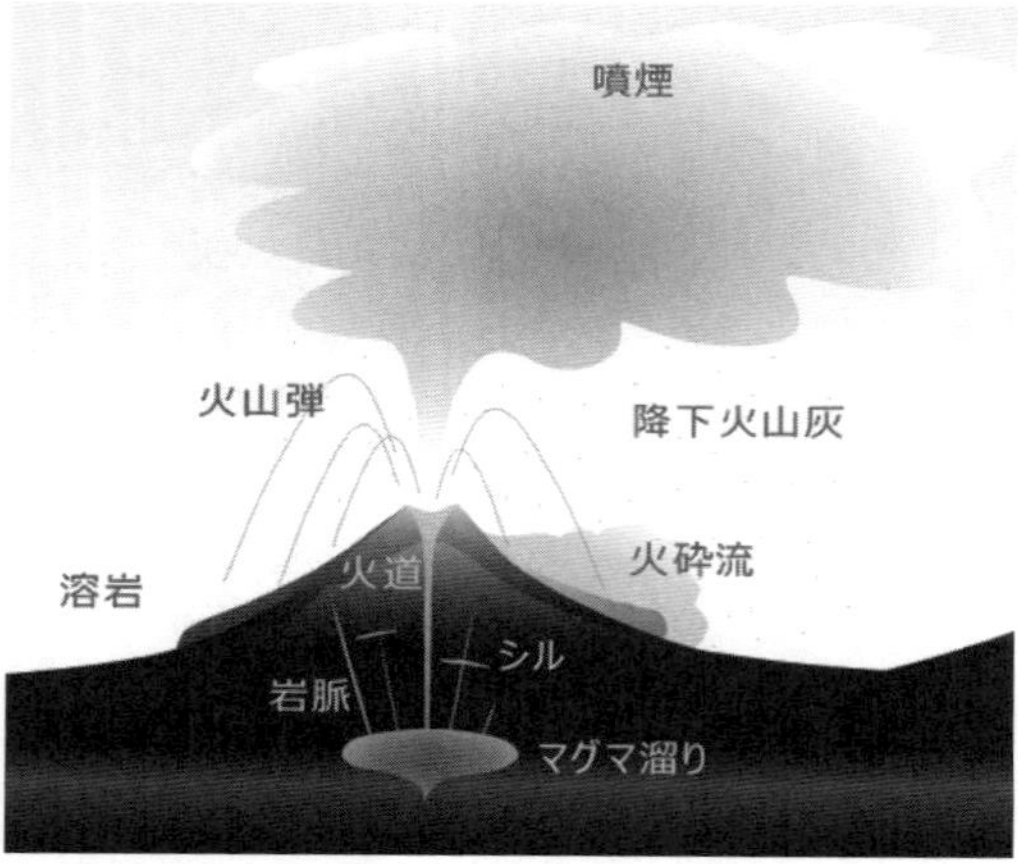

火山システムとその噴出物（産総研、GSJ 公式サイト「絵で見る地球科学、火山システム」より）

テフラについて改めてみてみよう。この用語はアイスランドの研究者によって定義された用語で、ギリシャ語で「灰」を意味する言葉だ。噴火の際に火口から放出され、空中を飛んで地表に到達し、堆積した火山砕屑物のことを指す。放出されるものは火山灰、軽石、スコリア、火砕流堆積物、火砕サージ堆積物などである。

上の図のように火山が噴火して噴煙が上がると、その中には様々な大きさのものが含まれている。中でも直径2㎜以下の破片の集まりで、なおかつ固結していない状態のものを

桜島火山の降下軽石。幅 3cm ～ 5cm（地質標本館段三展示室にて撮影 地質標本館登録標本 GSJ R10254）

火山灰という。つまり火山灰も岩石のかけらの一種である。２㎜以上のものは火山礫と呼ばれるが、実際には次ページの写真のように様々な大きさのものが混在している。

火山の近くにあるテフラを観察すると、テフラが何枚も厚く堆積しているのが分かる。同じテフラの地層の厚さを調べていくと、それを噴出した大元の火山に近づけば近づくほど地層が厚くなり、なおかつ粒子が大きくなる。大きな粒子ほど手前に落下するからだ。テフラの分布は上空の偏西風に乗って東に運ばれることが多いといわれる。関東地方でみられる赤土を詳しく調べてみると、九州のものが含まれていることもある。火山の噴火の規模が巨大であったため、そこから噴出されたテフラが日本の広範囲を覆っているのであ

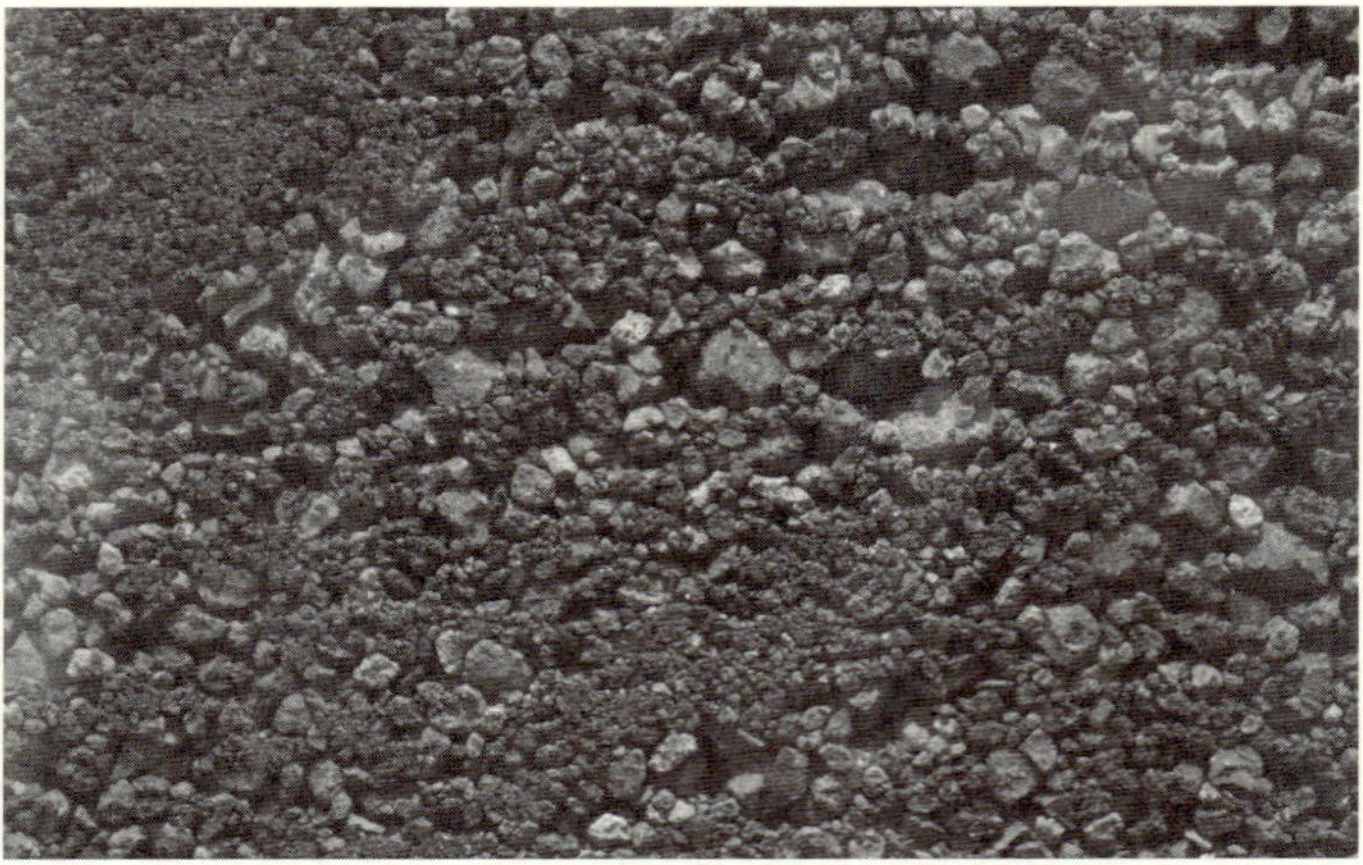

宝永 (1707) 軽石およびスコリア。写真幅約 5cm (地質標本館段三展示室にて撮影。地質標本館登録標本 GSJ R34274)

る。

なお地質調査総合センターのG－EVER推進チームは2016年に「東アジア地域地震火山災害情報図」と呼ばれるものを出版した。これは東アジア地域における降下火山灰の影響範囲や、大規模火砕流のほか、地質や活断層、地震の震源域、津波災害などについて最新の情報が幅広く盛り込まれている。

参考サイト●東アジア地域地震火山災害情報図 https://www.gsj.jp/Map/JP/asia-area-geoscience.html

恐竜が死に絶えたのも、火山のせい？

vol.6

ここで唐突に古生物の話に戻る。火山活動は生物の歴史にも大きな影響を与えてきた現象だからだ。恐竜は約6550万年前に絶滅した。その原因は、巨大隕石の衝突と考える説がある。隕石の衝突によって巻き上げられた粉塵が太陽光線を遮り、地球規模での寒冷化をもたらしたのではないかというものだ。恐竜だけでなく空を飛ぶ翼竜、海に棲む首長竜やアンモナイトも同時期に絶滅しているほか、有孔虫などの微化石もこの時期を境に大きく種構成が変わるため、この大絶滅に巻き込まれたと考えられている。またメキシコのユカタン半島では、この隕石の衝突痕とされるチクシュルーブクレーターも発見されている。しかしクレーター以外にも、隕石衝突説の有力な証拠とされているものがある。それが「イリジウム」という物質だ。

恐竜時代の最後である中生代白亜紀と、その次の新生代古第三紀との境界には、薄い粘土の地層が発見されることが多く、これをK－Pg境界と呼ぶ。K－Pg境界の粘土層は世界中に分布しており、日本でも北海道の十勝郡から発見されている。この粘土層を分析した

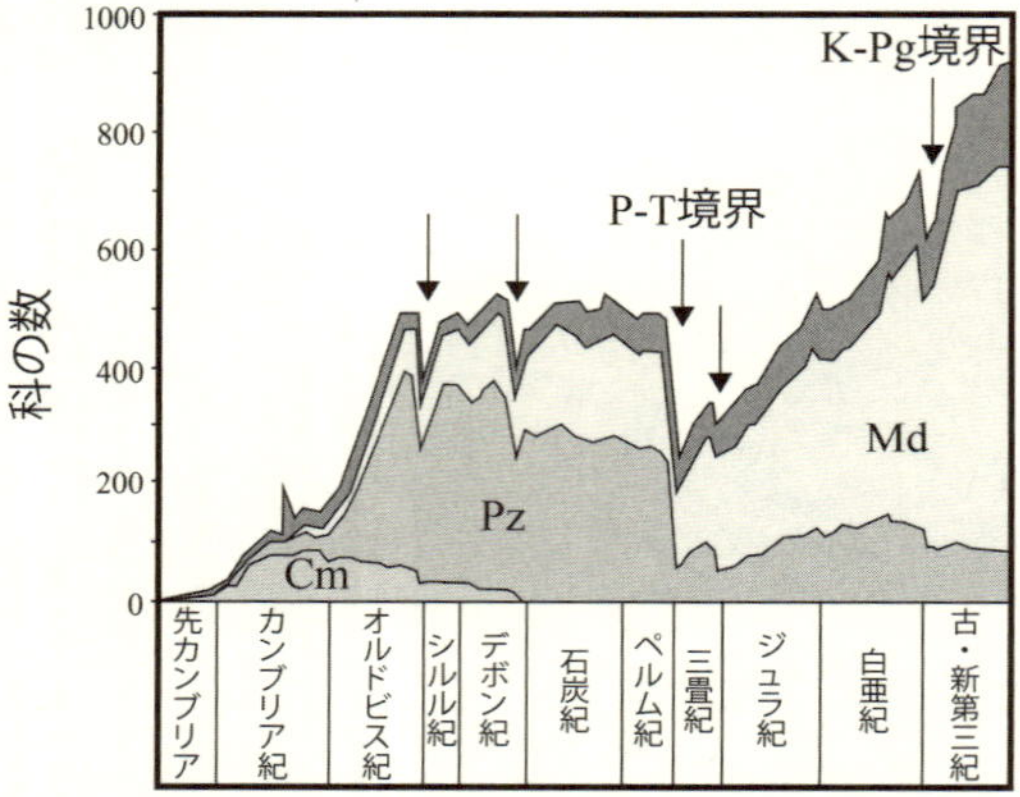

地質年代と海生動物の科の数の変化（Sepkoski(1984) に基づき作図） Cm：カンブリア紀型動物群（三葉虫・腕足類ほか）、Pz：古生代型動物群（ウミユリ、コケムシ、筆石、頭足類ほか）、Md：現代型動物群（二枚貝類、爬虫類、哺乳類、有孔虫類ほか）

結果、高濃度のイリジウムが発見された。イリジウムは地球表面ではきわめて少ない物質だが、隕石には多く含まれていること、そして同様の地層が世界中で発見されていることから、これこそ巨大隕石が衝突し、地球上の多くの生物を絶滅に追いやった証拠であると考えられたのだ。恐竜絶滅の原因に関しては、これ以外にも様々な仮説が立てられているが、隕石説に関してはイリジウム以外にも、衝突による高温高圧条件で作られたと思われる衝撃石英と呼ばれる特殊な鉱物も発見されており、客観的な証拠に富んだ仮説といえる。

しかし、イリジウムは隕石衝突だけでなく、火山活動によっても供給される。イリジウムは地球の深部にも多く存在しているからだ。インドのデカン高原には大規模な火山活動の痕跡が残っており、生物界に大きな影響を与えたと考えられている。時代的にも恐竜の絶滅時とほぼ同じである。隕石と火山活動のどちらが恐竜の絶滅に影響したのか、あるいは両者ともに大きな原因だったのかについては未だに議論が続いている。

地球史においては恐竜時代の前後にも何度か大絶滅は起こっている。前ページの地質年代と海生動物の科の数の変化を示したグラフにそれが表れている。時代の節目ごとに、生物の科の数が少なくなっていることが分かる。つまり時代ごとに生物の絶滅を含めた何らかの大きな変動があったと考えられるのだ。古生代や中生代といった時代区分の多くは、このように化石や地層の種類に基づいて設定されている。そして大量絶滅はオルドビス紀末やデボン紀末、ペルム紀末、三畳紀末などでも発生している。特にペルム紀末（P－T境界）のものは種レベルで最大90％以上の生物が絶滅したと考えられており、地球史上最大規模のものだ。これらの時期の絶滅も、やはり大規模な火山活動と関係があるという仮説がある。例えばペルム紀末のものは、スーパープルームと呼ばれる巨大なマントルの上昇流によって大規模な火山活動が起ったのが原因とも考えられている。

なおK－Pg境界は、以前はK－T境界と呼ばれていた。これは白亜紀を示すドイツ語（Kreide）と、その後に続く第三紀（Tertiary）の頭文字をとったものだ。現在は第三紀が古第三紀と新第三紀に分かれたため、白亜紀（Kreide）と古第三紀（Paleogene）の境界、すなわちK－Pg境界と呼ばれるようになった。

白亜紀のアンモナイト *Acompsoceras renevieri*（地質標本館登録標本 GSJF13942）。

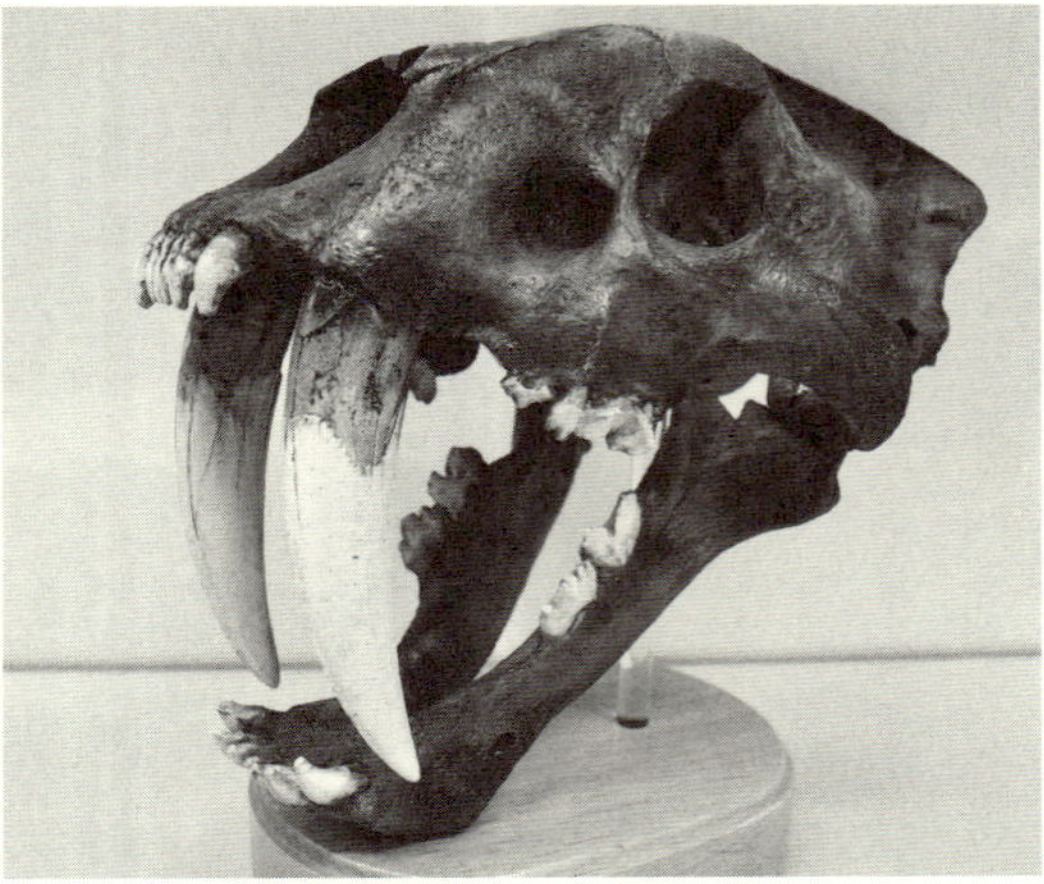
スミロドンの頭骨。前歯の先端から後頭部までの長さは約32.5cm（レプリカ所蔵、写真提供、日本大学 村瀬雅之氏）。

日本の歴史における火山活動

vol.7

日本の歴史と火山とは密接な関係がある。新田次郎の『怒る富士』は宝永4年（1707年）に起きた富士山の大噴火をテーマとした時代小説として有名だ。富士山は歴史的に何度も噴火を繰り返しており、縄文時代にも数回の噴火を起こしたことが確認されているほか、西暦864年に貞観《じょうがん》大噴火と呼ばれる噴火を起こし、その様子が平安時代に書かれた「日本三代実録」という歴史書に記録されている。この噴火の際に流れ出したのが青木ヶ原溶岩流である。

人類史以前から富士山は活動を続けており、富士山の地質学的歴史は大きく三段階に分かれる。現在の富士山（新富士）の下に、小御岳《こみたけ》と古富士と呼ばれる二つの古い火山が埋もれている。小御岳が最も古く、数十万年前にできた火山と考えられている。古富士は約10万年前から活動した火山だ。そして現在の富士山（新富士）は、約1万5000年前から活動を始めたと推測されている。最後に噴火したのは先述の1707年に起きた宝永噴火であり、それ以降は300年以上静かな状態を保っている。宝永噴火の際には富士山から１００㎞離れた江戸でも降灰があったと記録されている。

　左ページの写真は北海道の硫黄山と呼ばれる活火山だ。標高は５１２ｍである。アトサヌプリとも呼ばれ、数多くの溶岩ドームで構成されている。溶岩ドームとは、火山から粘性の高い溶岩が押し出されてできたドーム状の地形だ。下の写真の通り、現在も活発な噴気活動を行っている。山頂付近は立ち入り禁止だが、山麓にあるこうした噴気孔の周辺が観光地となっている。
　P.１０２の写真は北海道の雌《め》阿《あ》寒岳《かんだけ》と阿寒富士だ。雌阿寒岳は２００６年の３月に小規模な噴火を起こしたが、それ以前にも数年おきに小さな噴火を繰り返している。このように北海道だけでも活火山は数多く、日本全国ともなると２０１７年時点で１１１か所の活火山が気象庁により認定されている。
　２００９年には火山噴火予知連絡会によって「火山防災のために監視・観測体制の充実等が必要な火山」というものが選定された。これは中長期的な噴火の可能性と社会的影響を踏まえ、火山防災のために監視や観測体制を充実させる必要がある山という意味で、「近年、噴火活動を繰り返している火山」、「過去１００年程度以内に火山活動の高まりが認められている火山」などが選定の理由となっている。

　火山はこのように幾多の災害を発生させてきた反面、観光地や温泉などの景勝地や地熱

産業技術総合研究所 地質調査総合センター、火山地質図（https://www.gsj.jp/Map/JP/volcano.html）、気象庁公式サイト（http://www.jma.go.jp/jma/kishou/intro/gyomu/index92.html）

硫黄山。北海道弟子屈町にある標高 512m の活火山である。アトサヌプリとも呼ばれる

硫黄山の噴気孔

参考文献●産業技術総合研究所 地質標本館編『地球　図説アースサイエンス』（誠文堂新光社、2006）／産業技術総合研究所　地質調査総合センター　日本の火山(https://gbank.gsj.jp/volcano/index.htm).

雌阿寒岳（左）と阿寒富士（右）。雌阿寒岳は近年も小規模な噴火を数年おきに起こしている。この写真は 2006 年 3 月に起きた噴火から半年後に撮影したもの

エネルギーなどの恩恵も与えてくれるものである。今もこうした有効活用に向けた研究が進んでいる。

なお活火山とは「概ね過去1万年以内に噴火した火山及び現在活発な噴気活動のある火山」と定義されている。この定義は2003年から使われており、「休火山」「死火山」という言葉は現在、学術用語としては使用されていない。

地質調査総合センターではこうした活火山を対象として、個々の火山の地質をまとめた火山地質図を作成しており、噴火に伴う地形（カルデラや崩壊地形）と、溶岩流や火砕流などによって作られる地質について特に詳しく書かれている。富士山も調査が進み、富士火山地質図が約半世紀ぶりに改訂されている。

世界と火山

vol.8

世界の火山分布についてはすでに述べたが、ここでは歴史上の火山災害について見てみよう。世界史上最も有名な火山災害の一つといえば、イタリア、ナポリ付近に残る古代都市**ポンペイ**のものであろう。災害の原因となった火山はイタリアのカンパニア州にある**ヴェスヴィオ火山**で、西暦79年に噴火した。噴火に伴う**火砕流**は南西方向に流れ、ポンペイとエルコラーノと呼ばれる町を飲み込み、多数の死者を出した。火砕流とは火山から噴出した高温のガスやマグマが、山体の岩石や空気とまじりあってできる高速の流れで、そのスピードは時速100㎞を超えることもある。斜面に沿って流れる重い粒子を火砕流本体と呼ぶ。軽い粒子とガスは本体から広がり、上空に立ち上って火山灰雲と呼ばれるものを作る。ポンペイの町を覆った火砕流は厚さ約7mに達したとされる。

火砕流によって埋没したポンペイは近代になって発掘作業が開始され、現在も続けられている。発掘されたポンペイは当時の建造物や街並みがそのまま残されている場所も多い。また埋没した人体や家畜の痕跡と思われる空洞が、火砕流堆積物の中に残っていた。研究

ポンペイ遺跡と周辺の山々（2006年1月撮影）。

者たちはこの空洞に石膏や樹脂を流し込み、それらを堆積物中から摘出することで復元を行った。ポンペイは町周辺の岩石を石材として数々の建造物が建設されているほか、レンガなども利用されていたことが分かった。また水道管も埋設されていたようだ。このようにポンペイの災害は図らずも当時の人々の日常的な暮らし、文化を保存して今に伝えているのである。

１９８０年にはアメリカのセントヘレンズ山が噴火した。１９９1年の6月7日にはフィリピンのピナツボ火山が噴火している。この噴火はおよそ４００年ぶりのものとされ、放出された火山灰は成層圏にまで達したという。これは20世紀において最大規模のものとされる。

参考サイト●地質調査総合センター公式サイト（専門用語を知るページ）
https://gbank.gsj.jp/geowords/index.html

第４章

地面を構成するものを観察してみよう

vol.1

岩石・鉱物を分類してみよう

「**石**」や「**岩**」、そして「**岩石**」や「**鉱物**」。ふだん何気なく使っているこれらの言葉について、改めて整理してみたい。まず岩石とは「石」や「岩」の学術的表現だ。街中で目にするビルの壁などの石材も岩石だ。もう少し地質学的な表現をすれば、岩石は地球上層部（地殻とマントル上部）を構成する物質の一種である。

岩石は「**鉱物**」で構成される。つまり岩石は鉱物が集まってできたものだ。鉱物は結晶構造と、一定の範囲の化学組成を持つ。つまり化学式であらわすことができる。現在認定されている鉱物は約４０００種類ある。人間の経済活動に役立つ成分を含んだ岩石は「**鉱石**」と呼ばれる。

岩石にはいくつかの種類がある。まずマグマが固まってできたものを「**火成岩**」と呼ぶ。火成岩の中でも、火山から噴き出したマグマが地表付近で固まったものを「火山岩」と呼ぶ。斑晶《はんしょう》と呼ばれる粗い結晶と、細かく均質な石基《せっき》からなるのが特徴だ。マグマが地下深くで固まったものが深成岩だ。数㎜から１㎝以上の大きな鉱物の粒で構成されている。

深成岩の一種である花崗岩。ほぼ同じ大きさの結晶の粒で形成されている。これを等粒状組織という（地質標本館登録標本 GSJ R19388）

礫岩の一種（地質標本館登録標本 GSJ R17359）

「火成岩」と「火山岩」はつい混同しがちである。火山岩と深成岩を含む岩石の総称が火成岩だと覚えるといいだろう。

　砂や泥もしくは礫が固まってできたものは「**堆積岩**」と呼ぶ。これらの泥や砂は、様々な岩石が風化して崩れ、河川などで運ばれて堆積したものだ。砂が固まってできたものは「**砂岩**」、泥が固まったものは「**泥岩**」、礫が固まったものは「**礫岩**《れきがん》」と呼ばれる。化石が見つかるのはこの堆積岩の中からだ。泥や砂と一緒に運ばれた生物遺骸が堆積して化石となる。離れた場所の地層から同じ種類の化石が出てきた場合は、同じ時代の地層であると判断できる場合もある。こうした化石を含む地層、あるいは薄い火山灰層などのうち、時代が判別可能であり、離れた場所の地層同士を比較する手掛かりとなるものを「**鍵層**」だ。

　堆積岩にもいくつか種類がある。礫岩や砂岩、泥岩は、火山由来以外の砕屑物でできていることから「**砕屑岩**《さいせつがん》」と呼ばれる。また火山活動によって噴出したもので、溶岩以外のものを火山砕屑物といい、それが固まったものを火山砕屑岩という。なお火山灰とは、この火山砕屑物のうち粒径2㎜以下の細かなものを指す。2㎜以上64㎜以下のものは火山礫、64㎜より大きなものは火山岩塊と呼ぶ。堆積岩が作られるのは水の力だけとは限らない。風や氷河で運ばれた堆積物もある。

　火成岩や堆積岩がマグマと接触したり、あるいは地下深くに運ばれたりして高温高圧の条件下にさらされ、組織や鉱物の組成が変わったものを「**変成岩**」という。例えば石灰岩が変成したものが大理石だ。

では「泥」や「砂」はどうだろうか。実はこれらの用語にもきちんとした定義がある。例えば「泥」と呼ばれるものは粒径1／16㎜以下の堆積物だ。泥よりも粒径が大きく、2㎜より小さなものは「砂」と呼ばれる。そして2㎜よりも大きなものを「礫」と呼ぶ。

粒径（㎜）	名称	
	礫	巨礫
256		大礫
64		小礫
4		細礫
2	砂	極粗粒砂
1		粗粒砂
0.5		中粒砂
0.25		細粒砂
0.125		極細粒砂
0.063	泥	粗粒シルト
0.032		中粒シルト
0.016		細粒シルト
0.008		極細粒シルト
0.004		粘土

それぞれの細かい分類を図に示す。砂には岩片や鉱物などのほか、微化石が含まれることもある。

以上をまとめると、マグマが冷え固まることで火成岩が生まれる。これらが地表で侵食や風化作用をうけて崩れ、河川などで運ばれて堆積し、これが固まると堆積岩となる。こうした岩石が変成作用を受けると変成岩となる。このように岩石は地球の巨大なシステムの中を循環しているのである。

よく聞く岩石の名前とその特性

vol.2

代表的な岩石とその分類方法についてもう少し見てみよう。「花崗岩」や「玄武岩」のような分類を中学校で習った記憶のある方も多いと思う。両方とも火成岩の一種だ。

前述の通り、マグマが固まってできた岩石を「火成岩」。そのうち地表付近で固まったものを「火山岩」、深部でできたものを「深成岩」と呼ぶ。さらにこれらの岩石は自身に含まれる二酸化珪素の量などによって、表のように分類される。

火山岩の中でも特に二酸化珪素（SiO_2）の量が多く、淡色のものを流紋岩と呼ぶ。東京都から南に約１５０㎞の地点にある新島では流紋岩の一種である抗火石と呼ばれるものが採取される。主成分が珪酸であるため耐火性を持つことからこの名が付いた。渋谷駅前にあるモヤイ像もこの岩石を削って作られている。

同じく二酸化珪素の量が多く、深成岩に分類されるものが**花崗岩**《かこうがん》だ。御影石とも呼ばれる。花崗岩もビルの壁や墓石などの石材として用いられることが多い岩石だ。また測量用の三角点の標石としても利用されてきた。国会議事堂の外壁を作っているのは、広島県と

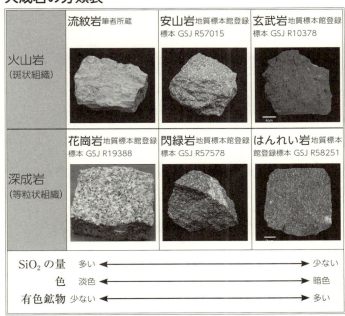

火成岩の分類表

火山岩 （斑状組織）	流紋岩 筆者所蔵 	安山岩 地質標本館登録 標本 GSJ R57015 	玄武岩 地質標本館登録 標本 GSJ R10378 
深成岩 （等粒状組織）	花崗岩 地質標本館登録 標本 GSJ R19388 	閃緑岩 地質標本館登録 標本 GSJ R57578 	はんれい岩 地質標本館登録標本 GSJ R58251 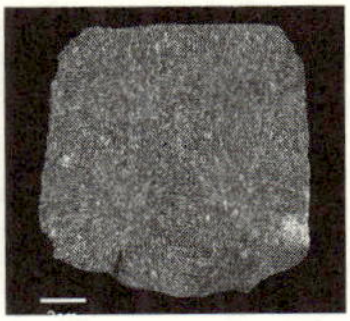

SiO_2 の量	多い	←→	少ない
色	淡色	←→	暗色
有色鉱物	少ない	←→	多い

山口県でとれた花崗岩、また最高裁判所の壁石は茨城県の稲田花崗岩（稲田石）と呼ばれるものが使われている。花崗岩が風化したものは「真砂《まさ》」あるいは「真砂土《まさど(つち)》」と呼ばれる。

逆に二酸化珪素の量が少なく、灰色もしくは黒っぽい色の火山岩は玄武岩だ。玄武岩のもととなる溶岩は流動性が高く、火山で噴火した場合は遠くまで流れる。伊豆大島や富士山などはこうしたマグマを噴き出す性質がある。生物の大絶滅の項目で述べたデカン高原も、大量の玄武岩質溶岩が地上に噴出したこと

地質標本館入口におかれた看板。筑波山のはんれい岩で作られている。「地質標本館」という文字の部分も、ほかの石材をはめ込んだのではなく、石を削り込んで作られたものだ

で形成されたと推測されている。地下からマントルプルームと呼ばれる高温のマントルの塊が上昇してきたためと考えられており、こうした現象を洪水玄武岩と呼ぶ。

深成岩で、同じく二酸化珪素の量が少なく、灰色もしくは黒っぽい色のものを、はんれい岩と呼ぶ。地質標本館の入り口におかれた石の看板は、筑波山の山頂を構成するはんれい岩を削って造られたものだ。下部分にはめこまれた金属板以外は、すべて元の石材で作られている。

表の中で中間の化学組成を示す火山岩が**安山岩**だ。中でも特殊な化学組成を示すものを無人岩《むにんがん》と呼び、小笠原諸島の父島などに産出する（かつてボニン諸島と呼ばれていたことに由来）。東京都の県の石ともなっている。同じく安山岩で、斑晶がなく緻密なものをサヌカイト、もしくは讃岐石《さぬきいし》と呼ぶ。その名の通り、四国の讃岐地方（現在の香川県）で産出する。金づちで叩くと澄んだ音を出すため、家の呼び鈴

大理石（地質標本館登録標本 GSJ R17360）

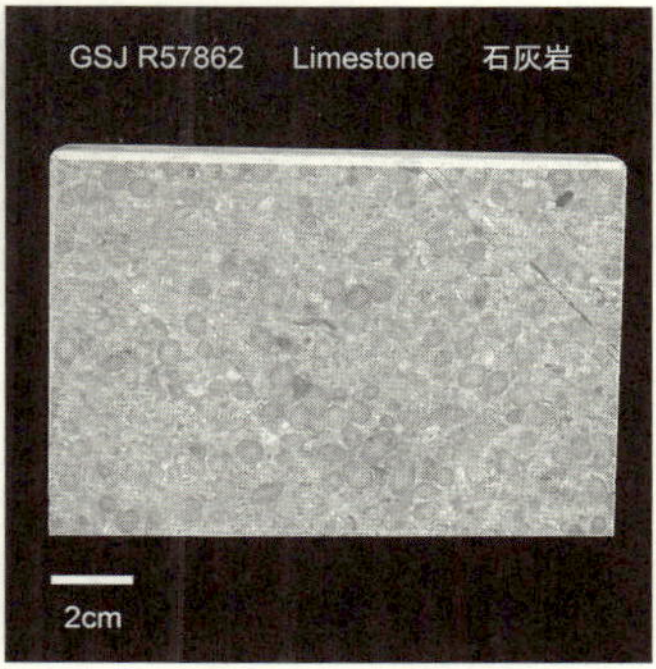

石灰岩。フズリナと呼ばれる有孔虫の一種が堆積してできたもの（地質標本館登録標本 GSJ R57862）

代わりに置かれていることもある。

石材としてポピュラーな大理石は、石灰岩が変成してできたものだ。石灰岩とは炭酸カルシウムを50%以上含む堆積岩の一種だ。炭酸カルシウムを主成分とした殻をもつ生物の遺骸が堆積してできたもので、有孔虫や円石藻などの微化石、またウミユリ、サンゴ、貝類などの化石が見つかることも多い。秋吉台のカルスト地形も石灰岩が雨水や地下水などで侵食を受けてできた特徴的な地形だ。飛騨外縁帯（P.115参照）などの石灰岩には、3〜4億年前のサンゴや三葉虫の化石などが含まれている。

日本各地の特徴的な地形・地質

vol.3

日本はどのような地質なのだろうか。どのような岩石、地形が分布しているのだろうか。ここでその概要を見ていきたい。

まず、化石から地質の分布を推測する方法がある。もともと日本は新第三紀のはじめまでは大陸と地続きであった。その間、海洋プレートの沈み込みによって、付加作用と呼ばれる現象が起きた。これは海洋プレートの上に載った堆積物などが沈み込みに伴ってはぎとられ、大陸側に押し付けられたものだ。これを付加体という。日本列島には様々な時代の付加体が集まっている。

この付加体のメカニズムは微生物の化石によって明らかにされた。海底の堆積物にはプランクトンの殻などが含まれており、その中でも珪質の殻をもつものが固まるとチャートや珪質泥岩と呼ばれる岩石になる。1970年代後半になって、こうした岩石から放散虫と呼ばれる微生物の殻を分離する技術が確立され、それを電子顕微鏡で細かく観察できるようになった。そして付加体からもこれらの微化石が発見され、微化石の年代を調べるこ

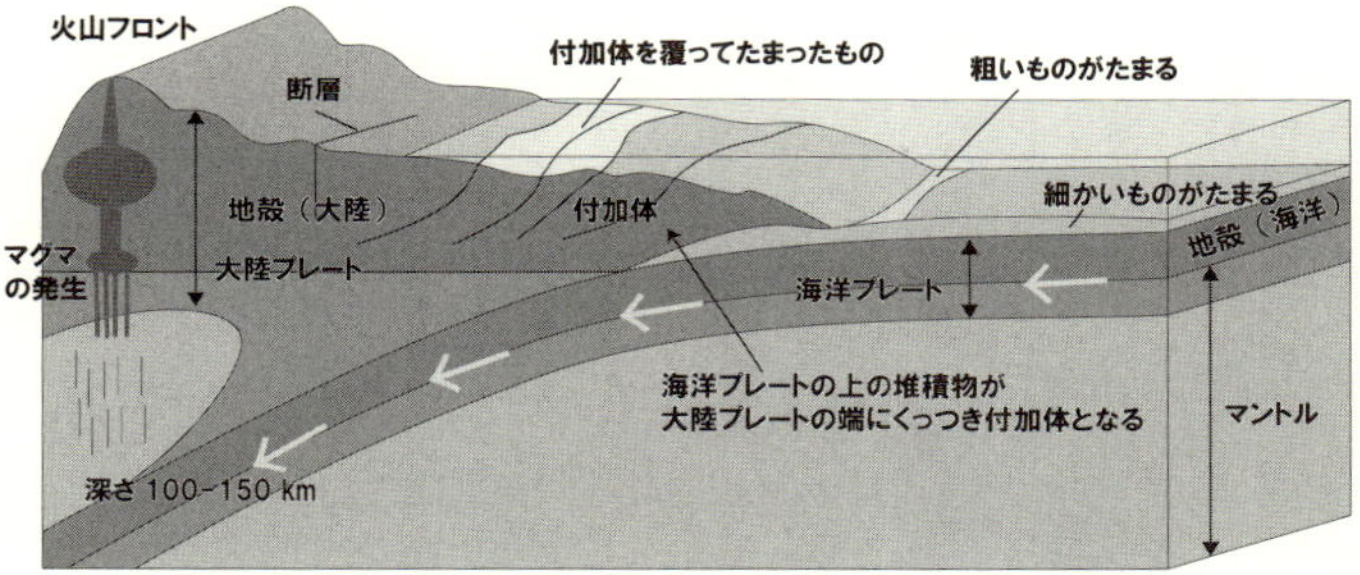

これを付加体のでき方（斎藤 眞・下司 信夫・渡辺 真人・北中 康文『日本の地形・地質－見てみたい大地の風景』（文一総合出版、2012 を参考に作図）

とによって、それぞれの付加体の岩石が形成された時代が明らかになり、日本列島の歴史を解明する道が開けたのである。ちなみに放散虫とは海棲の微生物で、大きさは数十～数百㎛程度の単細胞生物だ。約5億4000万年前のカンブリア紀から現在まで進化を続けており、時代ごとに形態が異なるため、殻の形を調べることで時代を決めることができる。つまりは示準化石である。

また、岩石からも、地質の分布を推測できる。岩石や地層は、特定の時期に形成されたものが帯状に分布する。これを**地質帯**と呼び、それぞれの地質帯を「〇〇帯」として表現する。日本で一番古い時代の地質帯は飛騨地方の飛騨帯（古生代末期～中生代中期頃、一部に先カンブリア時代）などだ。次に古いのは飛騨外縁帯、

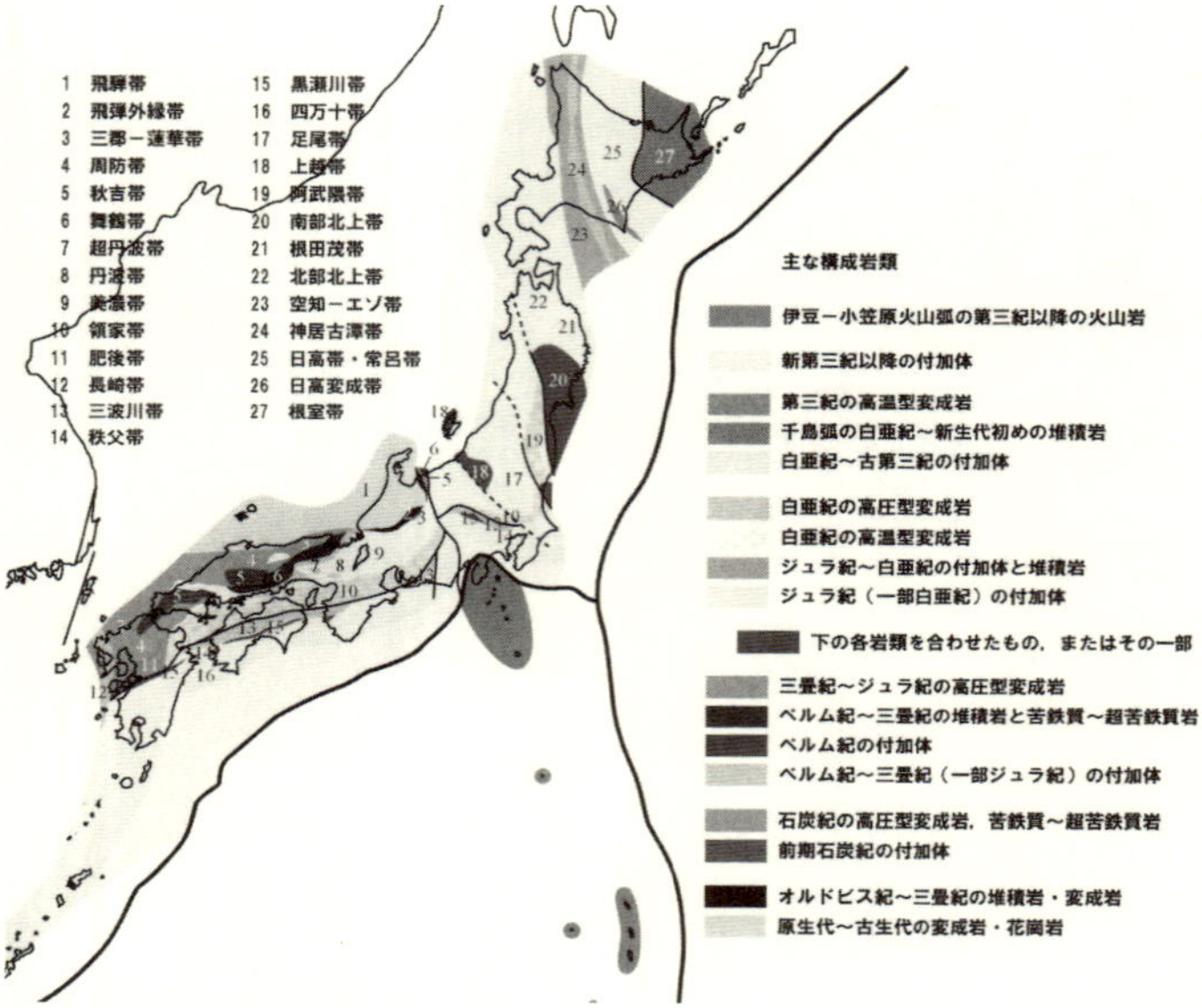

日本列島の地体構造区分（産総研、GSJ公式サイト「日本の地質を知るページ、日本列島の地質と構造」より）

上越帯、黒瀬川帯などである。こちらは約5億年前から3億年前までの地層や岩石を含む。中国地方にある秋吉台は石灰岩で作られたカルスト地形が有名だ。こちらは秋吉帯という地質帯に含まれ、約3億〜2億年前のものと考えられている。それぞれの地質帯の区分について上の図を参照されたい。逆に日本で一番新しい地質帯は四万十《しまんと》帯だ。約1億年前から3000万年前ころに形成されたと考えられている。日本列島の南側に約1300㎞にわたって分布する。

それぞれの境界は断層で接し

赤色チャート。放散虫化石を含む。幅 3cm（著者所蔵）

ていることが多い。これらの一部は「〇〇構造線」と呼ばれる。代表的なものとしては棚倉構造線や中央構造線がある。しかし構造線の基準や解釈は研究者の間でも異なる場合があるため注意が必要とされる。

このように日本の地質は様々な地質現象が何度も発生し、様々な種類の岩石や地層が複雑に集まってできているため大陸ものと比べると地質はかなり細かく複雑だ。日本列島の三分の二以上が山地となっており、１０００m級の山々が連なっている。例えば北海道の日高山脈は北米プレートとユーラシアプレートが衝突してできたものだ。このように日本は付加体や火山の活動による影響を受け続けてきたのである。

地形は昔から立派な「観光地」

vol.4

地質学的と深く関わる場所や地形が、実は古くからの観光地、景勝地だったりする。読者の皆さんも、意識せずに訪ねたこともあるはずだ。いくつか例を挙げよう。

【東尋坊】（福井県）

東尋坊は、何かとドラマの撮影などで利用されることの多い海沿いの景勝地である。東尋坊の地質学的特徴は「柱状節理」と呼ばれる構造である。これは柱状に発達した規則性のある割れ目のことで、マグマが冷え固まる際に収縮してできると考えられている。柱状節理は兵庫県の玄武洞や北海道の層雲峡などでも見ることができる。

【筑波山】（茨城県）

筑波山は関東平野で気軽に登れる山として人気のスポットだ。山頂を構成するのははんれい岩、その周辺には花崗岩が分布する。どちらも深成岩の一種で、前者が約７５００万年前の白亜紀、そして後者が約６０００万年前にできたマグマが冷え固まったものと推定されている。これらのマグマは地上に噴火せず、地下で冷え固まったものが隆起してきた

福井県の東尋坊。柱状節理で構成されている。柱状節理の断面が見える

地質標本館の入口脇におかれた玄武岩の標本。柱状節理の特徴である五角形～六角形の断面が見える（手前の 2 本）

ものだ。つまり筑波山は火山ではない。またこれらの岩石が崩れ落ちた山麓斜面堆積物が作る緩やかな傾斜が山腹部から広がっており、標高250m付近にはこの地形を利用した梅林がある。天気の良い日はここから富士山や東京スカイツリーを見渡すことができる。

【温泉】

北海道の阿寒湖温泉や群馬県の草津温泉などの温泉地域も、地質と関係の深い観光地だ。火山地帯のマグマを熱源とし、それに地下水が温められてできたものを火山性温泉と呼ぶ。また火山とは関係なく、地温勾配によって温められた地下水でできたものを非火山性温泉という。地温勾配とは地下深くにいくほど温度が高くなる現象のことで、日本においては100mごとに約3℃上昇するといわれる。ただしこれは火山などの特別な熱源が近くにない場合だ。

【ジオパークに行こう】

このように地形や地質と関係した観光地は、日本の地質の多様性とも相まって数が非常に多く、すべてを掲載しきれるものではない。ジオパークの情報を見れば、日本各地の特徴的な地質を含む自然環境と、それにまつわる歴史や文化について詳しく知ることができる。ジオパークとは「地球・大地（Geo）」と「公園（Park）」を組み合わせた言葉である。ジオパークでは、その地域の見どころとなる場所を「ジオサイト」として登録し、これを

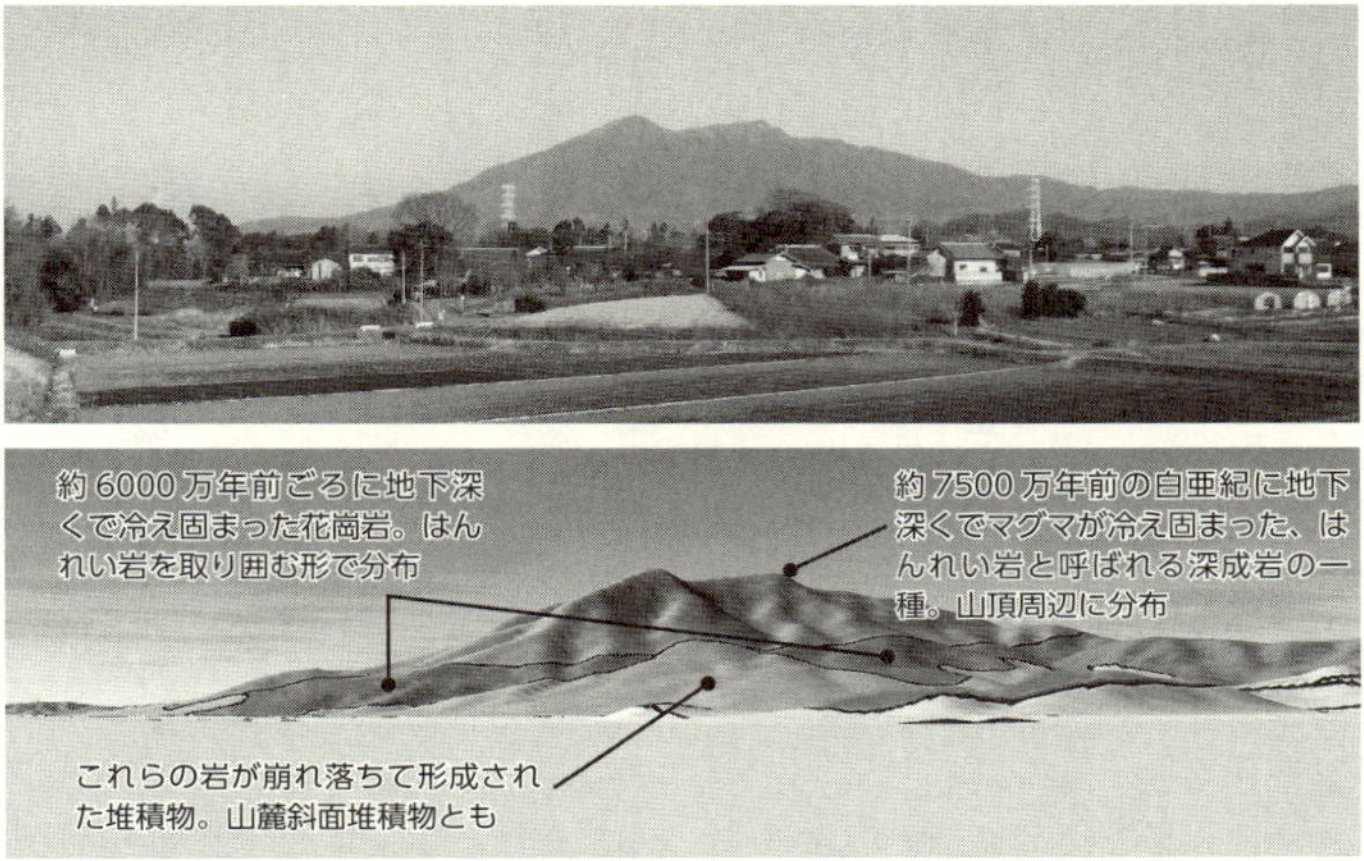
約6000万年前ごろに地下深くで冷え固まった花崗岩。はんれい岩を取り囲む形で分布
約7500万年前の白亜紀に地下深くでマグマが冷え固まった、はんれい岩と呼ばれる深成岩の一種。山頂周辺に分布
これらの岩が崩れ落ちて形成された堆積物。山麓斜面堆積物とも

上：筑波山の写真、下：筑波山の3D地質図。山頂周辺の部分がはんれい岩である
（カシミール3Dとシームレス地質図で作図、加筆。説明は20万分の1日本シームレス地質図を引用）

教育やジオツアーなどの活動に生かし、それぞれの地域の継続的発展へと繋げることを目標としている。

日本のジオパークは日本ジオパーク委員会によって認定が行われ、２０１７年９月時点で国内に43地域のジオパークがある。またそのうち８地域はユネスコ世界ジオパークにも認定されている。各ジオパークの詳細については日本ジオパークネットワークの公式サイトを参照していただきたい。

【日本ジオパークネットワーク公式サイト】
http://www.geopark.jp/

日本はどれくらい古い？

vol.5

日本はかつて大陸の一部であった。そして大陸の縁辺部で付加体が次々と形成されて日本列島の土台となるものが成長し、その後、大陸から離れて日本海が形成され、約１５００万年前に現在の位置に落ち着いたと考えられている。

その日本海が形成されるとき、火山活動が活発化した。このときの噴出物が日本海側から北海道西部にかけて広く分布しており、緑色を呈することから「グリーンタフ」と呼ばれる。グリーンタフの中でも有名なのが栃木県の大谷石や、福井県の笏谷石《しゃくだにいし》である。どちらも加工しやすく耐火性をもつことから、家の塀や壁材などの材料として使われることが多いほか、石垣や門柱にも利用される。また大谷石は地下採掘場の一部が公開されており、栃木県の大谷資料館で見ることができる。特撮番組の撮影などにも数多く利用されているため、テレビで見たことがある方も多いだろう。

では日本で一番古い石はどこにあるのだろうか。日本で最古の岩石の一つはジュラ紀の上麻生礫岩《かみあそうれきがん》中に含まれる、片麻岩礫《へんまがんれき》と呼ばれる約20億年前の岩石である。まずはこの用語

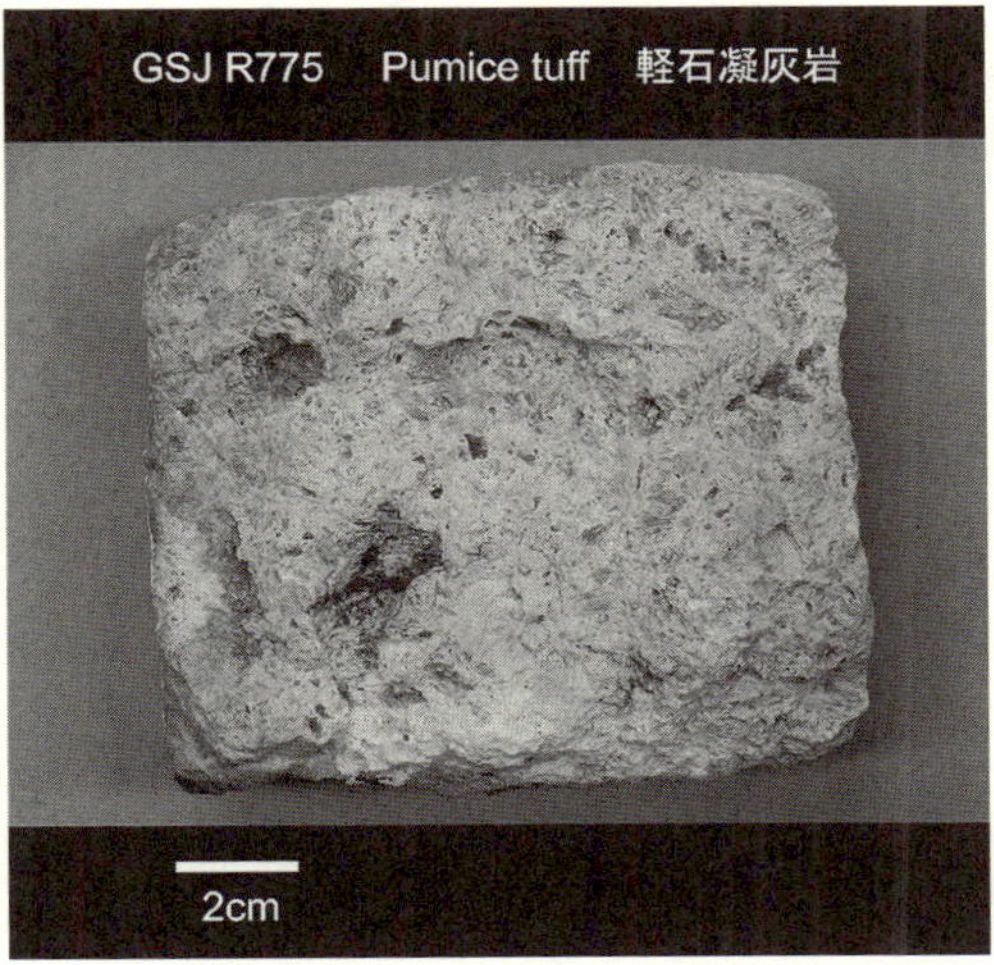

大谷石（軽石凝灰岩、地質標本館登録標本GSJR775）

を紐解いてみよう。

上麻生礫岩とは岐阜県の飛騨川沿いに分布する礫岩層だ。この地域の地層はジュラ紀に大陸の東縁部で形成された付加体である。この礫岩はジュラ紀の中ごろに大陸の岩石が削られたものが河川で運ばれて礫となり、これが海まで運ばれて海溝に落ち込み、付加したものと考えられている。つまり付加体ができたのは約1億7000万年前のジュラ紀だが、そこに含まれる礫はさらに古い時代のものと考えられるのだ。そして「片麻岩礫」とは変成岩の一種である片麻岩の礫である。そしてこの礫を地質調査所（現・地質調査総合センター）で、放射性同位体を用いた年代測定を行った結果、約20億年前のものだと判明したのである。この礫が発見された岐阜県の七宗町では1996年に「日本最古の石博物館」が開館した。博物館のマスコットは「レッキー君」である。ちなみに地球最古の石はカナダ北部から見つかったアキャスタ片麻岩と呼ばれるもので、約39億6000万年前の岩石だ。

　では「岩石」なく「地層」や「化石」はどうだろうか。日本最古の地層の一つはオルドビス紀（約4億5000万年前）のものとされてきた。これは飛騨山地に分布する「飛騨外縁帯」と呼ばれる地質帯に属している。飛騨外縁帯は1980年代から調査がはじまり、コノドントと呼ばれる微化石から年代が判明した。コノドントとはカンブリア紀後期（約5億1000万年前）〜三畳紀末期（約2億年前）の海の地層から発見されたため、示準化石として扱われていた。しかしコノドントの化石は生物の一部分である「部分化石」であり、それがどの生物のどういった器官なのかは不明であった。しかしその後研究が進み、コノドントはヤツメウナギなどに近い生物の歯であると考えられている。

　そして現在、より古い時代の地層を求めて北関東などで調査が進められている。

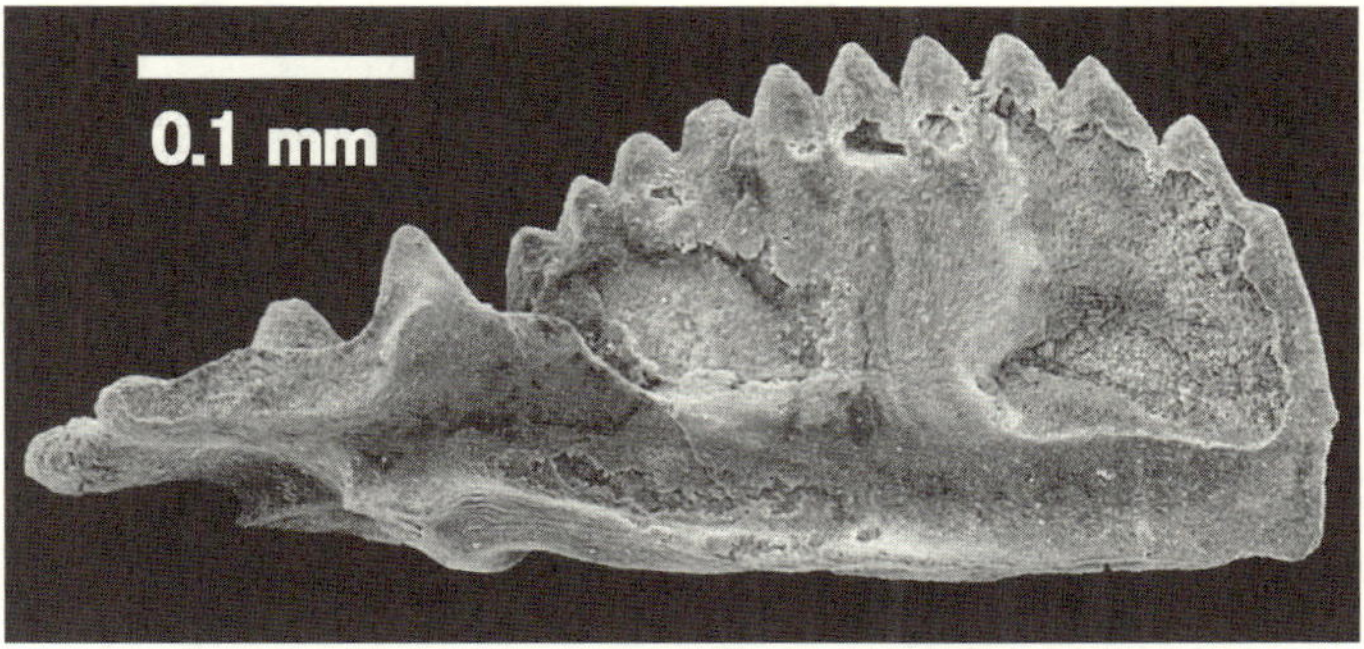

コノドントの一種であるEpigondolellaabneptisの電子顕微鏡写真。白いバーは100μm（0.1mm）を示す（写真提供：酒井　彰氏）

コノドントを含んでいた岩石。幅約40cm（地質標本館登録標本 GSJR69240）

vol.6

世界はどれくらい古い？（世界中に分布する様々な地層と化石）

地球科学においては「億」や「万」という単位が飛び交いがちだ。これらを少し整理してみよう。地球の年齢は46億年、これは隕石などの年代から割り出したものだ。そして地球上で最も古い岩石の一つはカナダのアキャスタ片麻岩と呼ばれるもので、約40億年前のものとされる。この間の6億年間は冥王代と呼ばれることもあるが、これは非公式名称だ。この時代には地層や岩石の記録がほとんどない。ただし鉱物に関しては、約44億年前のものと思われるものが発見されている。オーストラリアのジャックヒルと呼ばれる地域の礫岩から採取されたジルコンと呼ばれる鉱物がそれだ。

次に40億年前から25億年前までを始生代と呼ぶ。最初の生命はこの時代の最初もしくはその少し前に発生したと考えられているが、詳細についてはまだわかっていない。地層が世界各地で発見され始めるのもこの時代で、約38億年前からだ。35億年前の地層からはバクテリアが活動していたと思われる痕跡も見つかっている。これは地球上における生命の発生に関する重要な情報として、電子顕微鏡などを使った研究が進められているが、詳細

岩石区分＼地質年代			
新生代	第四紀	完新世	H
		更新世	Q_3
			Q_2
			Q_1
	2.6Ma		
	新第三紀	鮮新世	N_3
		中新世	N_2
			N_1
	23.0Ma		
	古第三紀	漸新世	PG_4
			PG_3
		始新世	PG_2
		暁新世	PG_1
	65.5Ma		
中生代	白亜紀	後期	K_2
		前期	K_1
	140Ma		
	ジュラ紀	後期	J_3
		中期	J_2
		前期	J_1
	200Ma		
	三畳紀	後期	TR_3
		中期	TR_2
		前期	TR_1
	251Ma		
古生代	ペルム紀		P
	299Ma		
	石炭紀		C
	359Ma		
	デボン紀		D
	416Ma		
	シルル紀		S
	444Ma		
	オルドビス紀		O
	488Ma		
	カンブリア紀		C
	542Ma		
原生代			Pt

シームレス地質図の凡例の一部（年代表）。これらの時代をカバーしている（産総研、GSJ 公式サイト「20 万分の 1 日本シームレス地質図」凡例より）

				現在
顕生代	新生代	第四紀	完新世	
				約1万年前
			更新世	
				約258万年前
		新第三紀		
		古第三紀		
				約6550万年前
	中生代	白亜紀		
		ジュラ紀		
		三畳紀		
				約2億5000万年前
	古生代	ペルム紀		
		石炭紀		
		デボン紀		
		シルル紀		
		オルドビス紀		
		カンブリア紀		
				約5億4000万年前
原生代				
				約25億年前
始生代				
				約40億年前
冥王代（非公式名称）				
				約46億年前

地質年代表（46 億年前から現在）

についてはまだ不明だ。

続く25億年前から5億4000万年前の時代が原生代だ。この時代、シアノバクテリアと呼ばれる生物の活動が活発化し、地球の大気中に酸素が放出され、オゾン層ができたと考えられている。また現在、北アメリカやオーストラリアをはじめとする世界各地に縞状鉄鉱床と呼ばれる酸化鉄と珪酸を主体とした地層が堆積しているが、この地層の大規模な形成は約27億年前から始まり、19億年前を境にストップする。シアノバクテリアが光合成を開始したことで、それまで海水中に溶けていた鉄イオンが酸素と結びついて沈殿し、この地層を形成したと考えられているが、詳しいメカニズムは分かっていない。この時代を含む地球史の最初の40億年間を先カンブリア時代と呼ぶ。46億年に対する40億年間であるから、地球史の大部分はこの時代であるともいえる。

そしてここからようやく化石が多く発見される時代が始まる。硬い組織を持った生物の大繁栄が始まったのだ。約5億4000万年前から約2億5000万年前までを古生代と呼ぶ。特に古生代の最初の時代である約4億8800万年前まではカンブリア紀と呼ばれる。この時代を特徴づけるのが、カナダのブリティッシュコロンビア州にあるバージェス頁岩から発見された多種多様な生物群だ。これらの生物群が発見されたことにより、カンブリア時代に生物の多様性が爆発的に増えたことが分かった。おそらく現在の生物の祖先となるほぼすべての動物がこの時代に出現したと考えられる。これを生命のビッグバン、

左：カンブリア時代のストロマトライト。幅約 12cm（著者所蔵）
右：縞状鉄鉱床の標本。幅約 1.5cm（著者所蔵）

もしくはカンブリア爆発と呼ぶ。

古生代が終わった約２億５０００万年前から約６５５０万年前までを中生代と呼ぶ。これが恐竜の時代だ。恐竜の化石は日本でも数多く見つかっている。富山、石川、福井、岐阜の４県にまたがる手取層群のものが有名だ。ティラノサウルス類も日本で発見されている。陸には恐竜が、空には翼竜が、そして海にはアンモナイトや首長竜、モササウルス類などが生息していた。

そして恐竜が滅んだ６５５０万年前から現在にかけてが新生代と呼ばれる時代だ。我々は新生代の中でも一番新しい時代である第四紀（２５８万８０００年前から現在）に生きている。

vol.7

地層はどういう形で広がっている？

「地層累重の法則」という言葉がある。これはいくつか地層が重なり合っている場合、基本的には下にある地層の方がより古い、という考え方だ。地層は水中などで順番に堆積してゆくからだ。

もっとも代表的なものは米国のアリゾナ州にあるグランドキャニオンの地層だ。ここでは先カンブリア時代からペルム紀までの地層が完全にではないものの、ほぼ連続して重なっており、それがコロラド川で侵食されたため、各時代の地層が水平に重なっている様子を詳しく見ることができる。しかし順番に積もった地層が、長い年月をかけて侵食されたり変形を受けたりすると、複雑な構造を見せることになる。例えば上の地層が河川などで侵食されると、下の地層が見える。地質調査や化石調査ではこの性質を利用して、河川沿いなどの古い地層が露出している場所を歩き、地層を下から上まで調べるのである。

さて写真で示したものは、地質標本館のエントランスに飾られている高さ約5ｍの「褶《しゅう》曲《きょく》模型」と呼ばれるものだ。これは宮城県の牡《お》鹿《じか》半島に露出していた場所（露頭）をもと

地質標本館のエントランス奥にある褶曲模型（地質調査総合センター公式サイトより，政府標準利用規約 2.0 にもとづき引用）

に作られたレプリカだ。砂泥互層《さでいごそう》と呼ばれる地層で、白黒の縞模様が見える。白い部分が砂、黒い部分が泥の地層だ。これらの地層が極端なS字型に曲がっているのが分かると思う。これが地層の「褶曲」と呼ばれる現象で、地層が圧縮を受けてできる構造である。写真の褶曲構造は約1億5000万年前のジュラ紀後期に堆積した地層だが、その後の白亜紀中ごろに東西から加えられた力によって変形したと推測されている。地層が硬い岩石になるまでには長い時間がかかるため、恐らくまだ固結していない軟らかい時期に力を受けたことで、柔軟に変形したと考えられるのだ。このように地層や岩石が地殻変動の力で変位あるいは変形した状態を地質構造という。

　ところで写真の褶曲では、向かって左側の

地層が下方向に出っ張っている。この状態を向斜《こうしゃ》という。また写真右側では地層が上に出っ張っている。これを背斜《はいしゃ》という。このように、地層は地下で複雑にうねっている場合がある。またその構造は写真のように大規模なものから、顕微鏡レベルの小さなものまで様々である。また地下に断層ができてそれが動き続けた場合、断層の延長線上に変形が集中するため、そこだけ地層の傾斜が急になったり、場合によっては逆転したりする。これを撓曲《とうきょく》と呼ぶ。

また地層の厚さは常に一定とは限らない。場所によって厚さが違うこともあるので、離れた地点で同じ深度までボーリング掘削をしても同じ地層が出てくるとは限らない。

さらに地層は褶曲や断層によって逆転することもある。またこれまでの記述で何度か登場した「付加体」も、下に行くほど新しい地層であることがある。なぜなら海洋プレートが沈み込むときに前の付加体の下に沈み込むため、下ほど新しい岩体となるからである。

地質図を作る研究者は、何か所もの露頭を観察してこれらの地質構造をつぶさに観察してゆく。そして地面の中で地層がどのようにうねっているかを推測し、それらの情報を三次元的につなげてゆき、図面を作っているのである。上下の因果関係、すなわち時間の情報も入っているため、地質図は四次元的な情報を持った図面であるともいえる。

地層累重の法則

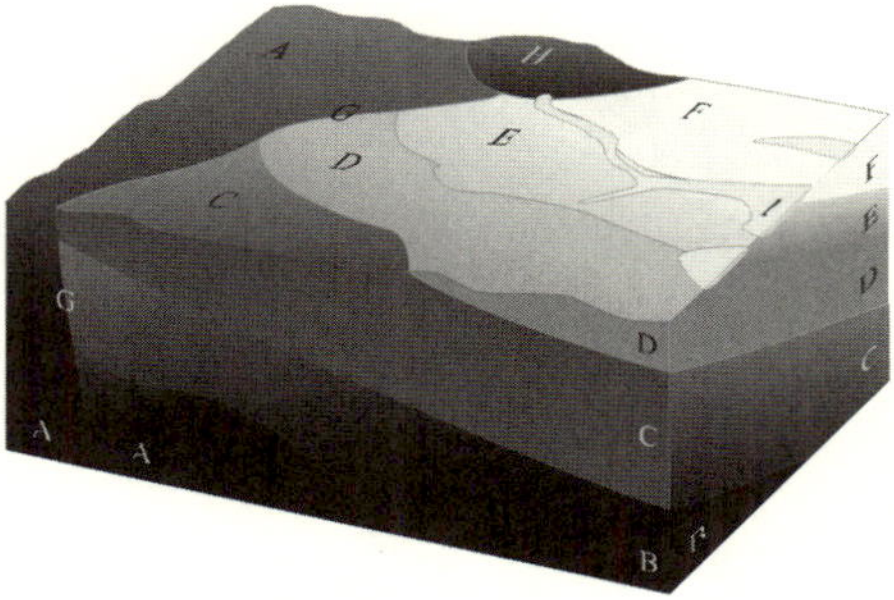

様々な地質構造

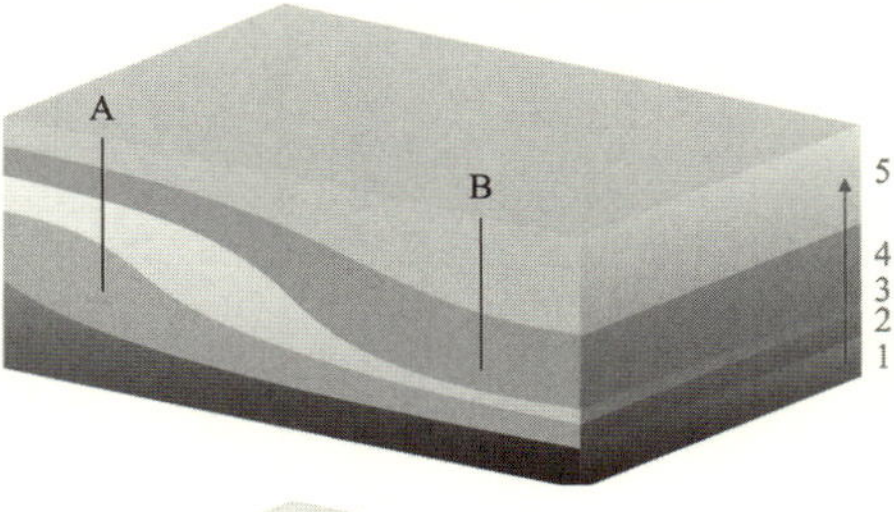

場所によって地層の厚みは違うことも。

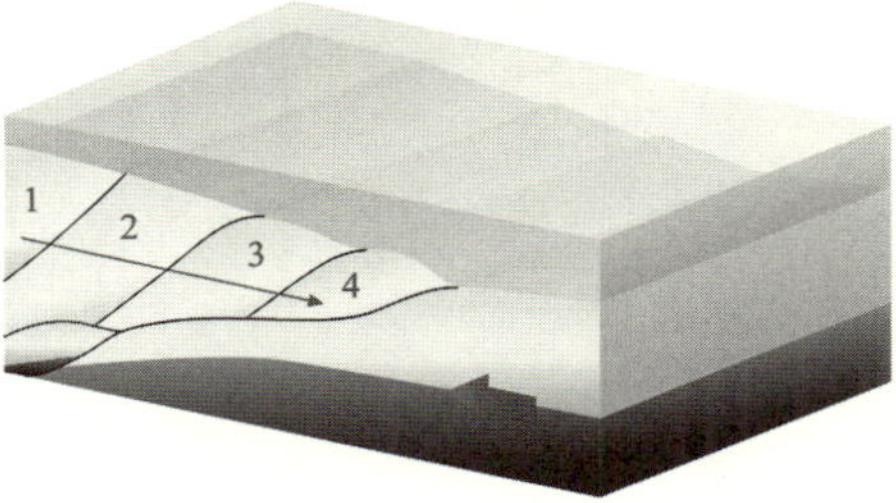

付加体の構造。手前が沈み込む海洋プレートで、１～４の順番に新しい付加体が押し付けられてゆく。
（4 図とも、産総研、GSJ 公式サイト「絵で見る地球科学」より）

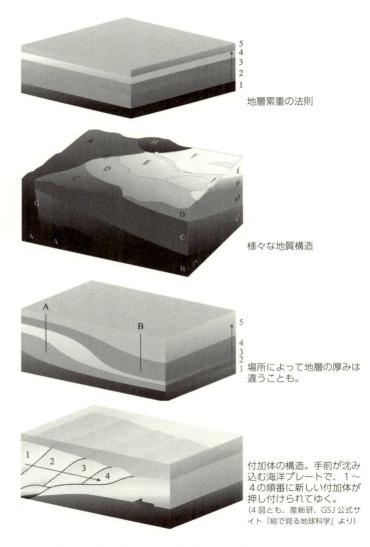

地面はどれくらい掘ると熱くなる？

vol.8

地球の内部は熱い。そもそもの熱の発生源は地球の**核**だ。核は鉄やニッケルで構成されており、外側の**外核**が液体、内側の**内核**が固体であると考えられている。こうした熱が地球内部からマントルを通って地表に流れている。前述のとおり、地殻と上部マントルの一部をプレートと呼び、海洋プレートが融解したものの一部がマグマとなる。日本は火山国であり、こうしたマグマの熱を地熱資源として積極的に利用しようとしている。**温泉**などはもっとも古典的な地熱の利用方法であろう。

地熱資源は天然のエネルギー源であるため、発電にも利用されている。地熱発電は二酸化炭素の発生を削減するなどの効果もある。地熱発電は地下の岩盤にある割れ目にたまっている地下水がマグマの熱で温められてできた天然の蒸気を利用する。火山の近くにある地下500～3000mの地点で200℃以上の熱水が地下の割れ目に溜まっているところを「地熱貯留層」と呼ぶ。その蒸気を発電に利用するのである。

地下から蒸気を取るためには、ボーリングで地上から穴をあける。蒸気を取り出すため

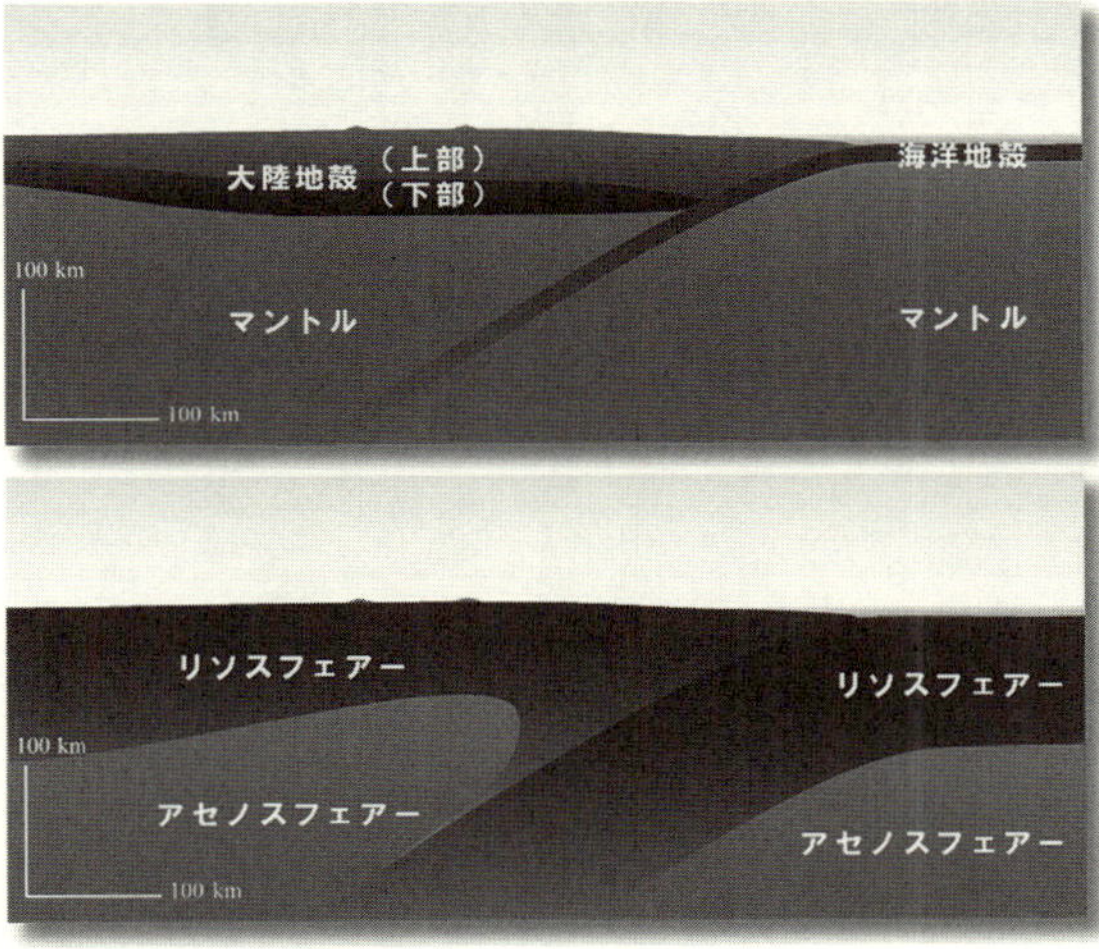

海洋プレートと火山との位置関係。リソスフェアーとは地殻とマントル最上部からなる厚さ100kmほどの剛体の層。アセノスフェアーとはその下にある高温で流動しやすい層（地質調査総合センター公式サイトより、政府標準利用規約 2.0にもとづき引用）

の穴は**生産井**《せいさんせい》という。蒸気とお湯が混合した状態で出てくるため、まずそれらを分離する装置を通す。取り出された蒸気は**タービン**に送られる。タービンに送られる頃には蒸気の温度は120～200℃となっている。タービンとは多くの羽根がついた風車のようなもので、これを回すことで発電する。この仕組みは水力発電や火力発電と同じだ。

発電に使われたあとの蒸気は、**冷却塔**と呼ばれる施設で冷まし、最初に分離したお湯とともに**還元井**と呼ばれるところから地下の割れ目に戻される。日本には九州・東北・北海道に数か所の地熱発電所があるほか、八丈島には地熱発電と風力発電の施設を併設した地熱・風力発電所がある。

地質標本館第三展示室には、葛根田《かっこんだ》地熱発

電所のミニチュア模型がある。これは東北電力が管理する地熱発電所で、岩手県雫石《しずくいし》町にある。日本では6番目の地熱発電所である。こちらの地域では、産業技術総合研究所の前身である地質調査所によって半世紀以上前から地質や地熱の調査が行われており、その結果を受けて発電所が建設され、1978年から運転が開始されている。

さて地熱発電は主にマグマの熱を利用したものだ。これに対して「**地中熱**」という概念もある。こちらは地下数十mの浅い場所で、一年中安定している地中の温度（15～18℃）を利用するものだ。夏は地上よりも涼しく、冬は逆に地上よりも暖かくなる。この性質を利用して冷暖房などを効率的に行うものが地中熱利用システムだ。エネルギー消費の抑制につながる効果が期待されている。地質標本館でも2013年から地中熱システムを取り入れている。産業技術総合研究所では九州大学や福井県との共同研究で、福井市周辺の「**地中熱ポテンシャルマップ**」というものを作成している。これは福井平野の地下水流動や、それに伴う熱輸送を数値モデルとしてあらわしたもので、地中熱の利用に適した地域を探る日本初の試みだ。こうした研究が進めば、日本国内での地中熱利用もより促進されると思われる。

参考文献●佐脇ほか（2005）／内田・吉岡（2013）

葛根田の地熱発電所のミニチュア。発電所と冷却塔（地質標本館第三展示室にて撮影）

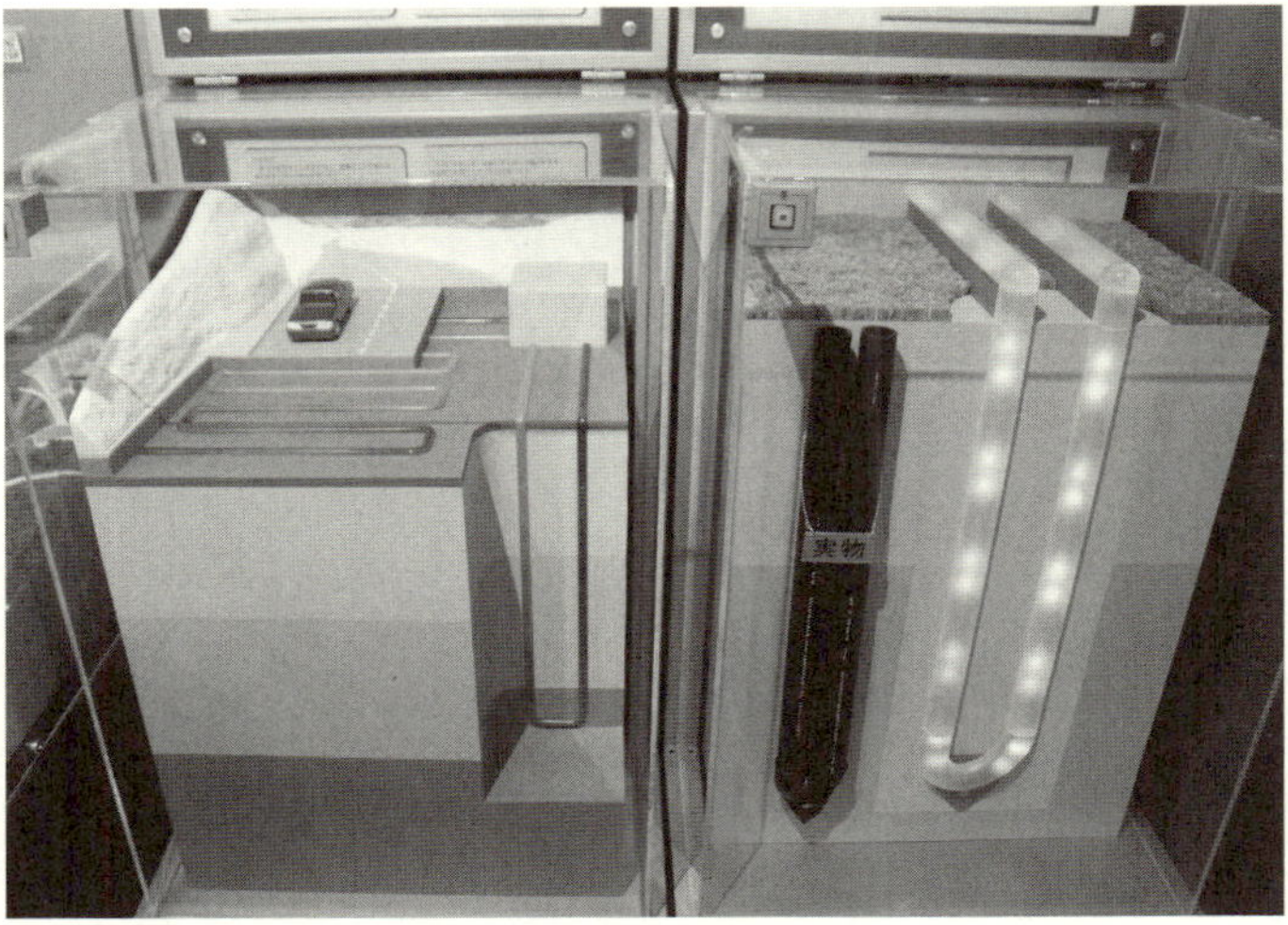

地中熱利用システム（地質標本館第三展示室にて撮影）

「低い部分」を覆う水・海

vol.9

海は地球の表面積の約7割を占める。その平均水深は約３７００ｍだ。海は地形の形成にも大きな役割を果たす。ここでは様々な規模の視点から海の働きを見ていきたい。

海洋をめぐる最も大きな現象の一つが**海洋循環**（熱塩《ねつえん》循環）だ。これは海洋の中層から深層、すなわち数百ｍより深い場所で起こる水の循環のことで、氷期や間氷期などの気候変動に大きく影響していると考えられている。左ページの図のように海洋の深層水はグリーンランド沖で沈み込む。これは海水の冷却によって塩分濃度が増加し、密度が大きくなるためと考えられている。そして大西洋を南下し、南極海、インド洋、太平洋に入り、表層へと戻ってくる。深層から湧き出してくる海水は栄養分を多く含んでおり、良好な漁場を作り出す。こうした大循環は約２０００年をかけてゆっくり起こるといわれており、低緯度地域から高緯度地方に熱を運ぶ原動力ともなっている。しかし何らかの原因で陸地から淡水が大量に流入したりするとこのバランスが崩れて循環が弱まり、低緯度地域と高緯度地域との熱交換がストップすることがある。実際、過去には大陸の氷床が解けて海に流

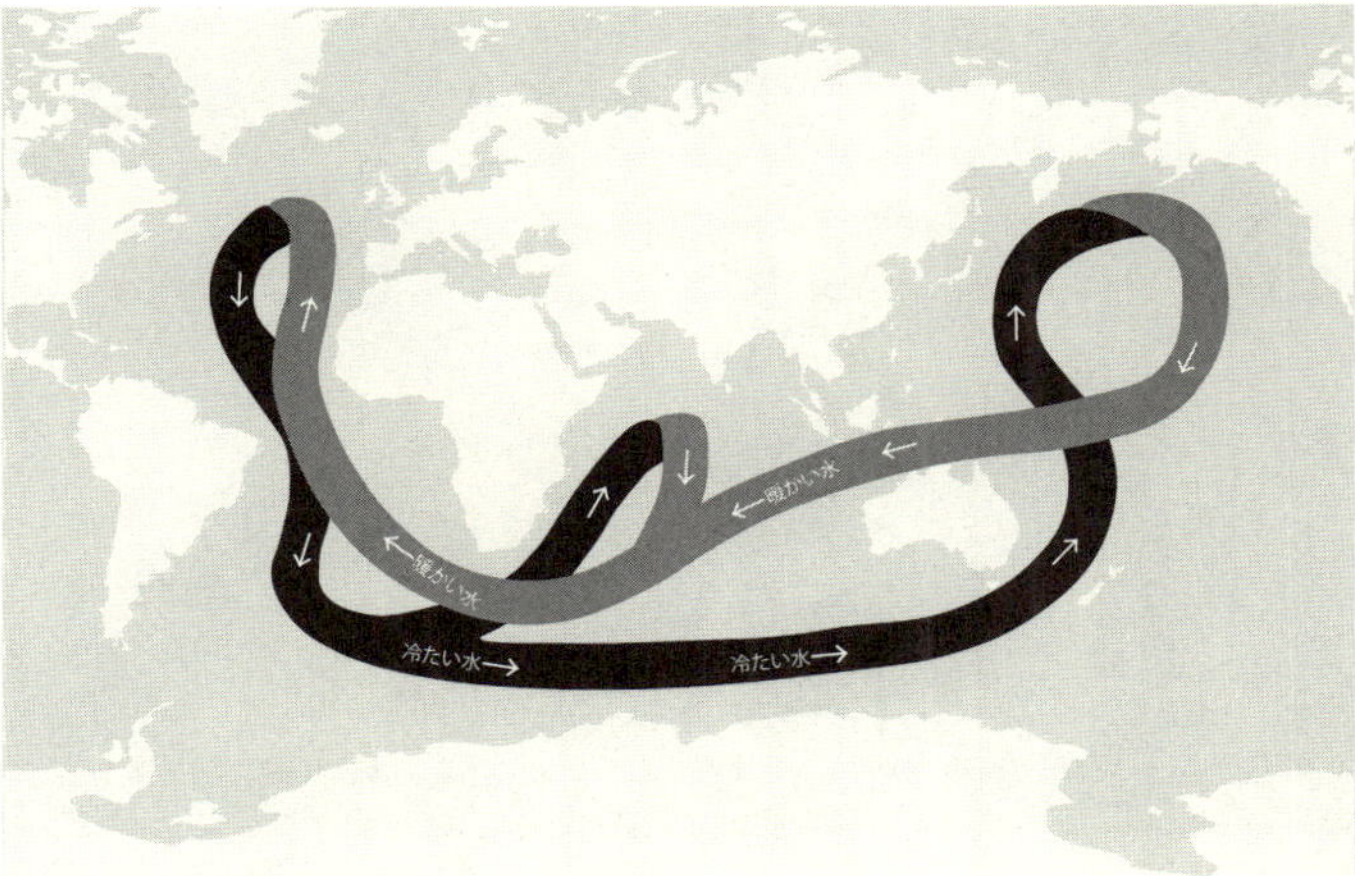

海洋循環の図（Broecker (1991) をもとに作図）

れ込み、熱交換がストップしたことがあると考えられている。表層の海水の密度が下がって、下向きに沈み込む力が働かなくなるためだ。

次に太平洋の海底地形を見てみたい。現在の海底地形は、音波を使った高精度な測量技術によって詳しく分かっている。大陸や島の縁辺部には**大陸棚**と呼ばれる緩傾斜で水深の浅い地域がある。その外側には水深5000～6000mの**深海盆**《しんかいぼん》と呼ばれる深い海もある。深海盆からは海山《かいざん》や海嶺と呼ばれる高まりが3000～5000m突き出しており、極めて起伏に富んだ地形を作り出している。世界最深の海溝はマリアナ海溝にあるビチャージ海淵《かいえん》で、最大水深10962mである。

地球の海面の高さは一定ではなく常に上下

太平洋の海底地形。地形を強調するため実際の起伏よりも 25 倍強調して作られている（地質標本館第二展示室にて撮影）

に変動していると考えられている。相対的に暖かい「間氷期」には海面が高くなり（海進）、「氷期」には海面が低くなる（海退）。特にここ80万年間は、これらが約10万年周期で起きていたと考えられており、関東の地形形成にも大きな影響を与えている。

例えば約13万年前の最終間氷期には大規模な海進があり、海面が現在と比較して約5〜10m高かったと考えられている。その結果、日本各地の平野に海が進入してきた。現在の関東平野に相当する部分も、山の手などを含めて大部分が海の底となり、古東京湾という浅い海が広がっていたと推測されている。当時の海底に堆積した堆積物は、台地として現在の関東平野に広がっている。

その後、約2万年前には最終氷期最盛期と

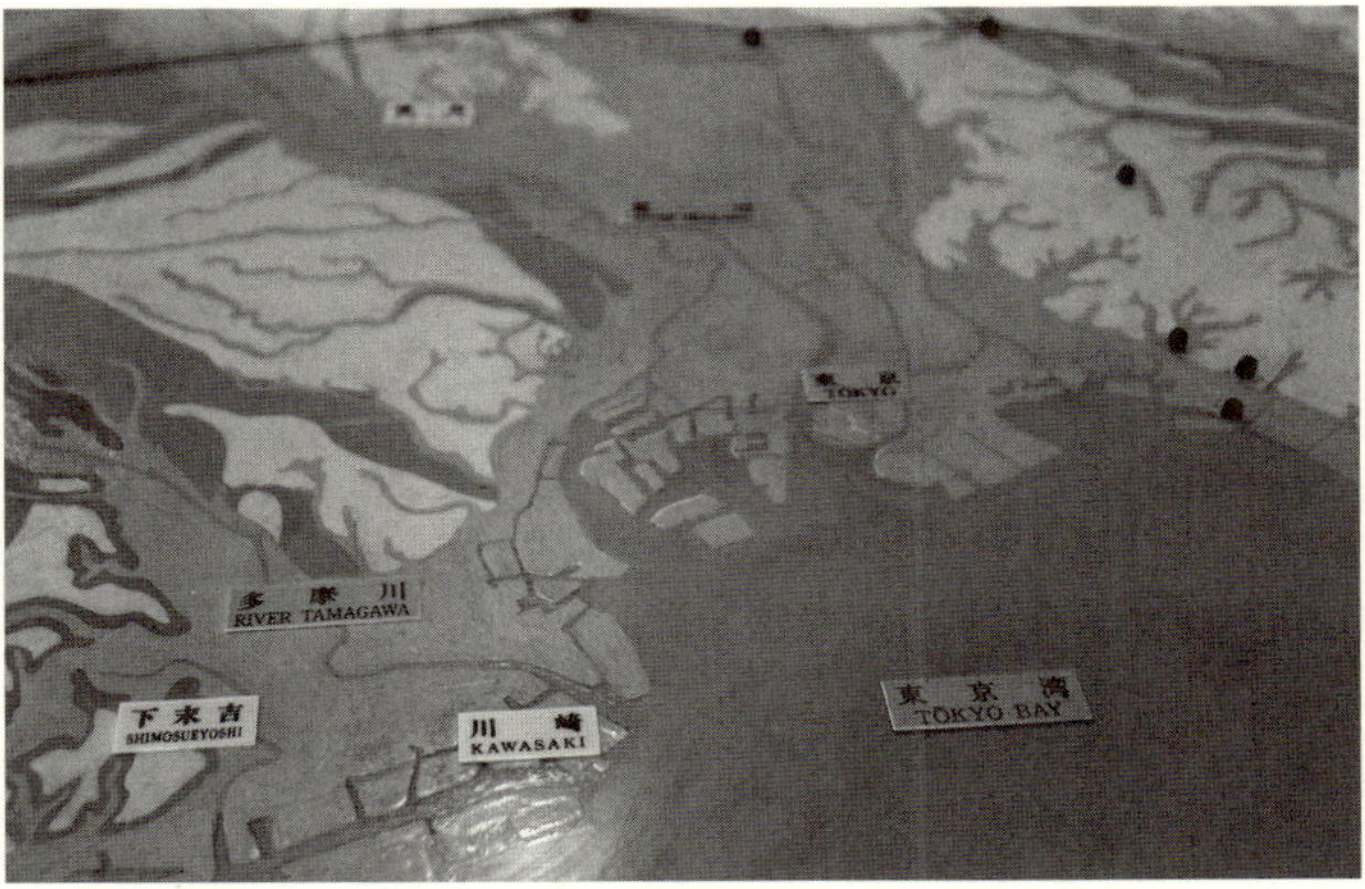

東京湾周辺の地形（地質標本館第一展示室にて撮影）

呼ばれる大規模な寒冷化が起きた。この際に海は海面が現在よりも最大で１００m以上下がり、現在の浦賀水道のあたりまで陸地が広がったと考えられている。その際に陸地は河川で削られ、大きな谷ができた。この時の川は古《こ》東京川と呼ばれる。つまり現在の台地は、この時に河川が削り残した場所だ。

また約７０００年前には**縄文海進**が起こって再び海面が上昇し、現在の埼玉県まで海が広がったと推測される。そのため埼玉県の北部でも貝塚が発見されている。その後、河川が運んでくる土砂によって海は徐々に埋め立てられ、東京の下町低地に相当する部分の地層が生まれた。そのため低地を形成する地層は、２万年前以降にたまった新しい地層だ。これを沖積層《ちゅうせきそう》と呼ぶ。

熱水噴出孔と海底火山

vol.10

左ページの写真の標本は**チムニー**と呼ばれるもので、**熱水噴出孔**の一種である。言うなれば海底の温泉だ。煙突のように海底から突き出しているため、この名が付けられた。チムニーからは熱水と呼ばれるものが噴出されており、透明なものから灰色、黒色のものまで様々だが、特に真っ黒なものを**ブラックスモーカー**と呼ぶ、ブラックスモーカーの熱水には硫黄の化合物が多く含まれており、その温度は最高で400℃に達するといわれる。陸上では100℃を超えると水は沸騰するが、海中では大きな圧力がかかっているため、このような高温の状態でも存在できるわけである。

チムニーから噴き出される熱水は硫黄の化合物や重金属など、生物にとっては有害だと思われている物質が多い。しかしチムニーの周囲を探査機で調べると、意外にも多くの生物が集まってきていることが分かった。特に微生物を調べてみると、熱水に含まれる硫黄の化合物を摂取して有機物を合成するバクテリアが存在することが分かり、またそれを食べる微生物、さらにはそれらを捕食するチューブワームやエビ、カニなどの大型生物が集

チムニーの標本。高さ約150cm（地質標本館第二展示室にて撮影）

ハワイと天皇海山列（地質標本館第二展示室にて撮影）

まってくることが分かった。おそらく光合成ができない深海において、これらのバクテリアが一次生産者となって一種の生態系を作り出しているのであろう。こうした太陽の光が届かない場所で生き抜く生物たちを**化学合成生物群集**と呼ぶ。またこうした環境で、地球上で最初に生命が誕生したのではないかとの仮説もあり、調査と議論が続いている。

こうしたチムニーは、海嶺や島弧《とうこ》の火山フロント、すなわち火山活動が活発な場所に多く分布している。海嶺はマントルが地下深部から上昇し、プレートが形成される場所、すなわちプレートの発散境界である。また日本のような島弧の火山フロントはプレート同士が収束する場所である。このようにチムニーの形成はプレート運動や火山活動との関係が深い。つまり熱水噴出孔やその周囲の生態系もまた、地球の動きと連動しているのだ。

さらに火山の噴火そのものが海底で起きることもある。これが**海底火山**である。浅い海で噴火が起きた場合は、陸上火山とほぼ同じ規模だといわれるが、深海で噴火した場合は高い水圧がかかっているため、噴火の形態が違うとされる。海底火山が成長すると陸上に姿を現すことがある。ハワイはもともとホットスポットの上にできた火山だ。ホットスポットとはプレートよりも下にあるマグマの発生源だが、上部にあるプレートが動くために次々と新しい火山が形成される。そのため、ハワイの北西にはかつてのハワイがあり、これらが海山の群れを作っている。

第５章

「地質学」をもっと知りたい！

地学の人たちは何を研究している？

vol.1

第一章の最後に、「地質」や「地学」をめぐる用語の数々について解説した。そして第二章から第四章では古生物学や地形、ジオパーク、火山など、地質学に関係した分野について見てきた。第5章では、これらの知識をバックグラウンドに、改めて地質学について掘り下げてみたい。

地学に関係する仕事をしたいと考えた人々は、どういう進路を進むのだろうか。ほとんどの大学において地学分野は理系として扱われる。しかし高校の理系分野では、地学を選択しづらいのが実情である。筆者が高校生の時もそうだった。だから高校ではその代わりに「**野外調査部**」の部長を務めることにした。顧問の安野敏勝先生は福井県にある中新世という時代の国見累層の化石などを調査しておられた。つまりは地学部だったのである。大学では筑波大学の**地球学類**に進学した。学類というのは筑波大学独特の分類だが、ほかの大学では地球学コース、地球科学科、地球惑星システム学科などなど、様々な学科名がある。人によっては大学院に進み、修士課程、博士課程と研究を進め、学位を取得してプ

参考文献●芝原暁彦『化石観察入門』（誠文堂新光社、2014）

ロの研究者になる。その後は国の研究所、企業の研究所に就職する。あるいは数年の就業を経た後、自分の研究所を設立したりもする。

日本における研究所をすべて列挙することは難しいが、例えば産業技術総合研究所の地質調査総合センター、東京大学地震研究所、古生物学や恐竜学なら国立科学博物館や福井県立恐竜博物館、海洋なら東京大学海洋研究所や海洋開発研究機構などなど、分野によって様々な研究機関がある。それぞれの研究所にも複数の部門がある。地質調査総合センターは2017年現在、地震や火山、地下資源や地下水、地質調査、地質情報の整備、地質情報の管理と集積、再生可能エネルギーなどのテーマに沿って、大きく六つの部門に分かれている。

また地質学は陸上だけでなく、海底も調査対象としている。調査船から音波探査を行って海底の地形や地層を調べたり、ドレッジと呼ばれる金属製のかごで海底をかき取ったり、あるいはボーリングしたり、様々な手段で海洋底の試料を採取し、情報を集めるのである。これにより海底の地質が分かるだけでなく、比較的新しい数万年前までの海底堆積物を調べることで、気候の変化や海水準変動の歴史なども調べることができる。つまり、陸上地形の形成史につながる情報も得られるわけだ。

逆のパターンとして、海に棲む生物の化石を探すために、砂漠を調査することもある。

オマーンのアルフーフ砂漠にある厚歯二枚貝と呼ばれる貝の化石群の露頭。高さ約 3m

中東のオマーンではペルム紀後期から白亜紀後期までの間、アラビア半島が大陸棚として海の中に沈んでいた時代に堆積した地層が広がっている。この時代の化石を分析することで、当時の海洋環境を知ることができる。

古環境や古生物の研究をしている人は、往々にして生物学のバックグラウンドを持っている人も多い。前述のチムニーに棲むバクテリアや微生物化石の研究なども、生物学の知識が必要となる。恐竜学も今や、**電子顕微鏡**や**CTスキャナ**、**3Dスキャナ**、そして**フォトグラメトリー**と呼ばれる立体写真計測技術などが利用され、その外形や骨の内部構造を詳細に観察することが行われている。恐竜の羽に残った色素の痕跡なども、こうした最先端の研究で発見された。地質学は様々な分野を巻き込みながら、あるいは橋渡しをしながら広がり続けている。

オマーンのオフィオライトを調査するため、中東の砂漠を車列を組んで走る。これも地質調査の一つである

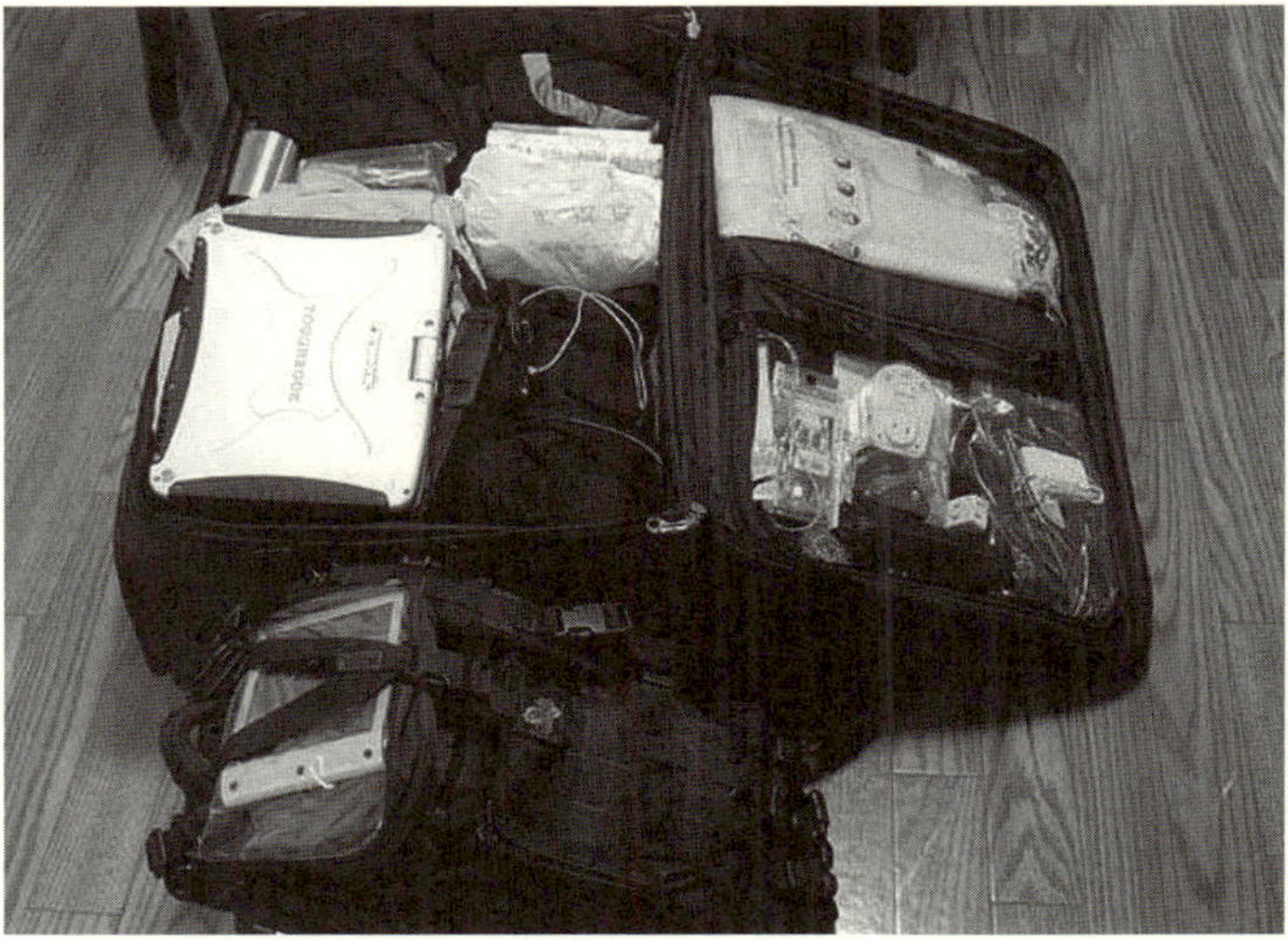

砂漠の調査に使う装備。パソコンやソーラーバッテリー、データ通信機、サンプル袋、非常食、GPS、3D スキャナなど

vol.2 岩石や地層を見るのが「地学？」

地学、あるいは地質学の主役は岩石や地層だ。これまで述べてきたように、それらは様々な種類がある。マグマが固結したもの、火山から噴出されたもの、生物活動によってもたらされたものなどである。地層は固いものばかりでなく、まだ固結していない海底堆積物、湖底堆積物なども地層の一種である。それらはどのように調査されるのだろうか。

海底をボーリングする左ページ上の写真は、北海道の十勝沖の水深約１０００ｍの海底から採取された堆積物だ。**ピストンコアラー**と呼ばれる金属の筒を海底面に向けて垂直に突き刺し、それを引き上げたもので、上から下までで約20ｍの堆積物が採取されている。地層によって硬さは違うが、硬いところでも金属製のへらで切り分けられる程度である。これを時代ごとに切り分け、Ｘ線で内部の地層を分析したり、化学分析を行ったり、あるいは微化石を取り出して群集解析を行ったりする。これも地質調査の一種である。

【海底の岩石を見る】

左ページ下の写真は、第一鹿島海山と呼ばれる房総沖の海山で採取された**チョーク**だ。

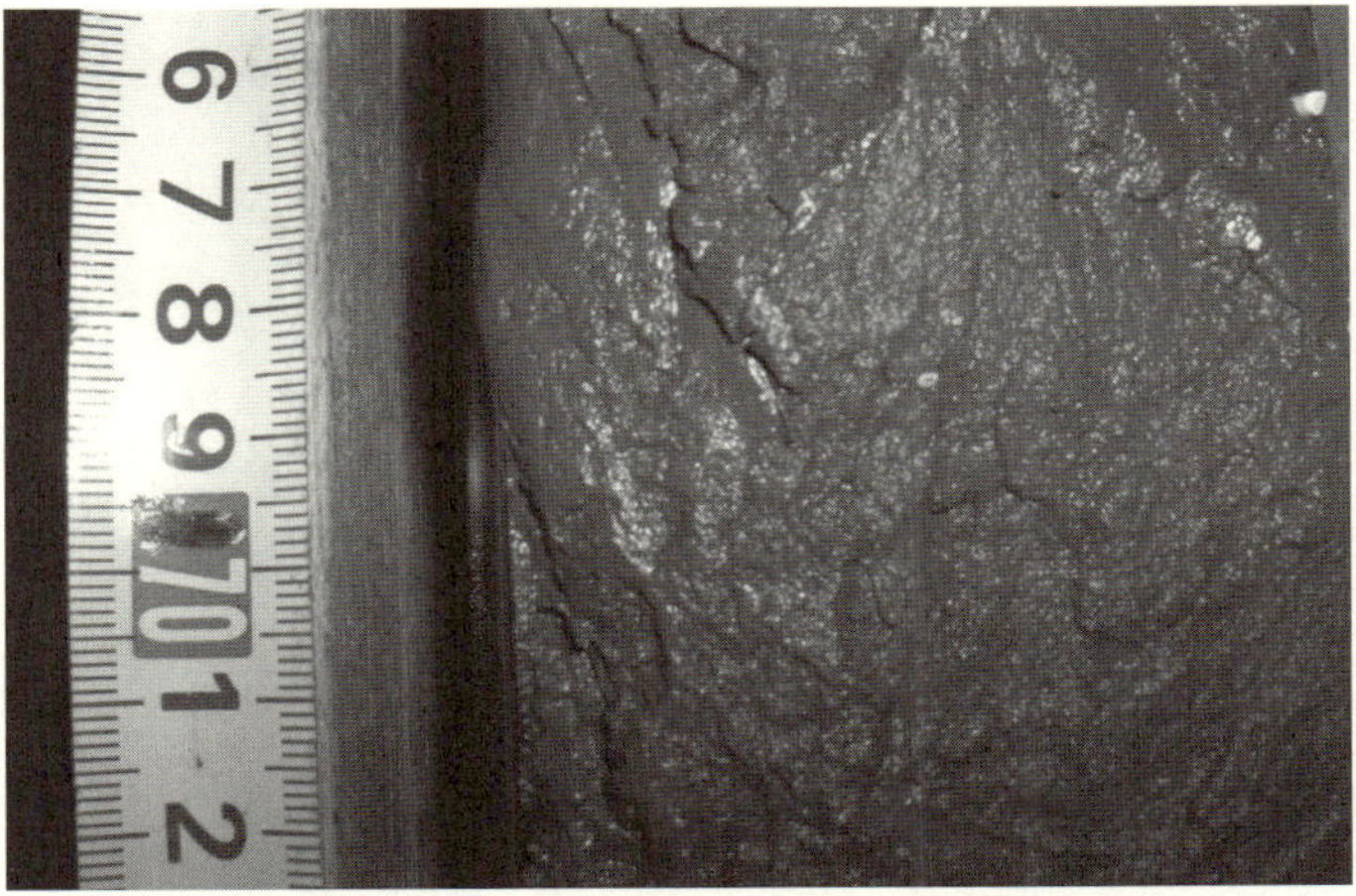

十勝沖の海底堆積物。金属のへらでサクサク切れる程度の軟らかさだ。

第１鹿島海山（房総沖で日本海溝に沈み込みつつある海山）で採取されたチョーク。巻貝の化石が見られる（地質標本館登録標本GSJR17550）

水流の流れが作り出したフルートキャストと呼ばれる堆積構造。幅約50cm（地質標本館登録標本GSJ R19501）

チョークといえば、学校で黒板に文字を書く道具として知られているが、これも本来はこうした天然の岩石を加工して使っていた。チョークは白亜とも呼ばれ、有名なものはドーバー海峡の崖に見られる白い地層だ。白亜紀という時代もこの岩石にちなんで名付けられた。チョークは円石藻と呼ばれる微生物の化石などが集積してできたもので、もともとは海底の堆積物だったと考えられる。

【昔の環境を見る】

上の写真は水流が作り出した**フルートキャスト**と呼ばれる堆積構造だ。生物由来のものではないが、昔の環境を推測する手掛かりとなる。これは川底に堆積した泥の層を、砂や礫を含んだ水流の渦が侵食して、その侵食の痕を堆積物が充填することで作られたと考えられている。前後に非対称な形で、川の上流側にあたる部分は角度が急で、下流側は角度が緩やかだ。この特徴を利用して、昔の河川が流れていた方向（**古流向**）を調べる。

【温度を見る】

地下の温度を調べる作業も地質学の一要素だ。例えば温泉の温度、温泉の近くの河川の成分、ボーリング調査の際に噴出したお湯の温度などを調べ、地下の温度分布とその熱源を推測する。

【都市を見る】

東京など大都市の地下の地質も調査が進んでいる。こちらはボーリングデータなどをもとに都市の地下にある地層の分布を三次元解析したものだ。調査結果だけでなく大元のボーリングの**柱状図**（地層の積み重なりを表現した帯状の図面）なども公開されている。

【化石を見る】

様々な種類の化石もデータベース化されている。特に模式標本と呼ばれる、分類学上の学名を命名するために標準として決められた標本については、化石の記載だけでなく色や形も重要だ。近年では化石の３Ｄデータを作成し、論文の添付資料や博物館のデータベースとしている例も多い。英国自然史博物館や米国スミソニアン博物館などが積極的に公開を進めている。

【空中から見る】

衛星画像や航空写真によって地形や地質を調べる調査方法も昔から行われてきた。航空写真は二枚の写真を使って立体視をすることで三次元的な情報を得られる。最近は**航空レーザー測量**というものも発達した。一秒間に数万〜数十万発のレーザーを地上に向けて発射し、その反射時間と航空機の位置情報から地上の標高や地形を調べる手法である。この方法を使えば、地上に草木が生い茂っていても、その下にある地形を調べられる。高密度でレーザーを発射するため、葉や草の間をレーザーが木漏れ日のようにすり抜けて地上に到達することがあるからだ。最近では**ドローン**からレーザー測量を行ったり、あるいはカメラで低高度から撮影した複数枚の高画質写真から3Dモデルを起こせるようになったりと、空中測量の手段が多様化している。

【データを見る】

こうした地質図、岩石、化石、ボーリング、地温、地形などの情報は、様々な研究機関でオープンデータ化が進められている。研究所ごとに利用規約が異なる場合もあるが、出典元を明記、あるいは利用申請することで利用可能だ。

国土地理院公式サイト（地形の情報）

http://www.gsi.go.jp/

地質学の時間スケール vol.3

博物館で展示解説をしていると、「時間のスケールが混在していてよく分からない」と言われることがある。つまり数万年前の地層、数億年前の化石、数十億年前の岩石など話があちこちに飛び、頭の中のスケールがまとまらないということだ。この問題を解消するため、様々なスケールについて見て行こう。

次ページ上の写真は、これまでにも何度か登場している海底堆積物の試料である。海底から引き上げたピストンコアラーと呼ばれる金属のパイプの中にはアクリル製の管が入っており、これを取り出した様子を撮影したものだ。アクリルパイプには縦方向に割れ目が入っており、これに沿ってワイヤーで内部の堆積物を切断し、半分に割る。その断面を接写したものが次ページ下の写真である。

横方向に縞々の模様があるのがお分かりいただけるだろうか。これは「年縞《ねんこう》」というもので、その名の通り年単位で積み重なった地層だ。海底には粘土鉱物などが降り積もって灰色の堆積物を作ってゆくが、春先には海洋の表層でプランクトンが大繁殖し、その死骸

ピストンコアラーから摘出した海底堆積物（写真幅約 1m）。これを半割して断面を撮影したものが下の写真

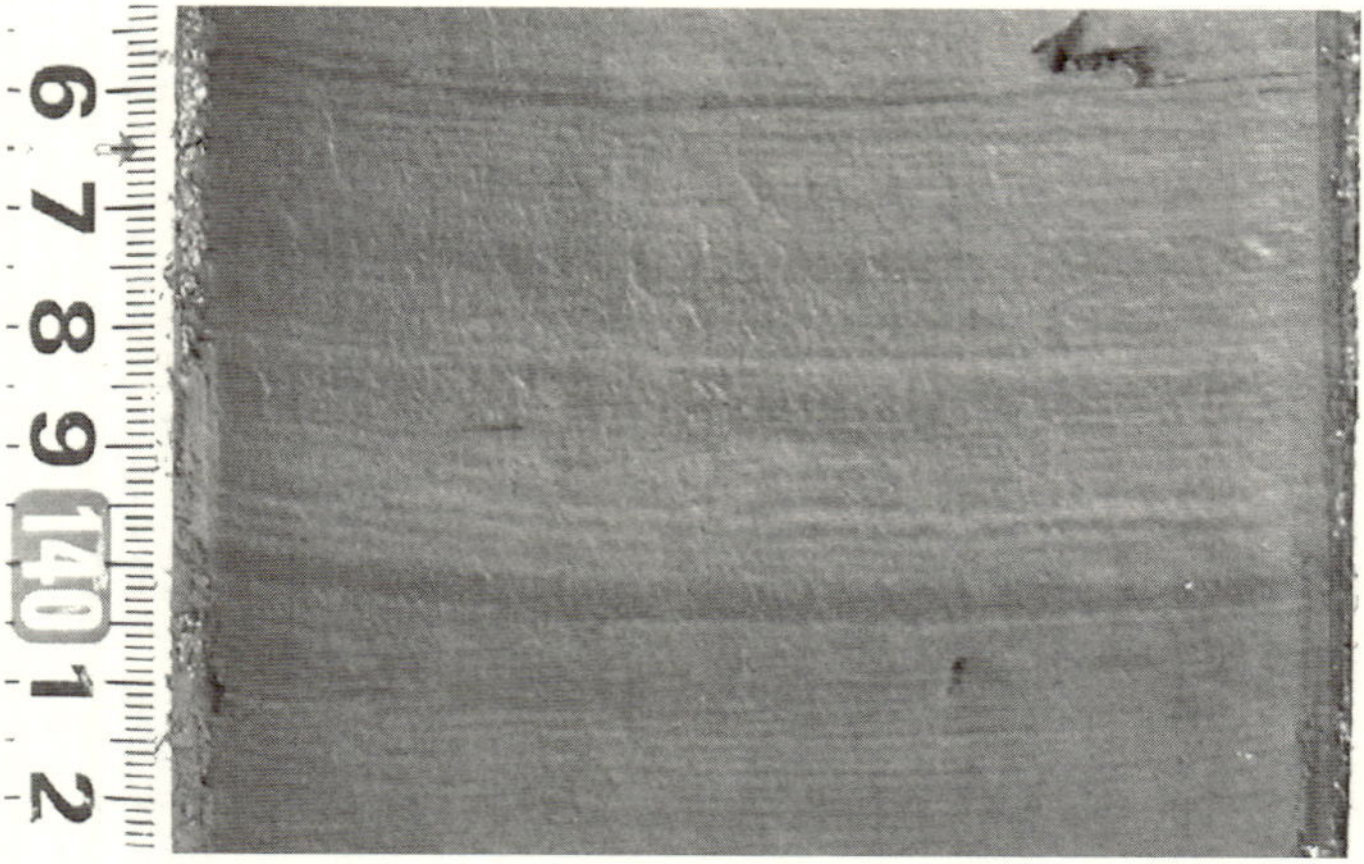

海底堆積物の「縞々」

オマーンの露頭。こちらはジュラ紀～白亜紀の海底堆積物である（高さ約 4m）

が海底に降り注ぐことによって白い層が堆積する。このため白と黒の縞ができるのだ。この縞々を追っていくことで、過去の海洋の環境変動を年単位で計測することができる。おそらく地層としては最も時間の解像度が高いものの一つと考えられる。また海だけでなく、福井県にある**水月湖**のような湖でも発見されている。こちらは過去7万年以上かけて堆積したものだ。こうした比較的新しい数万年前の地層は、まだ圧密を受けていないため、細かく時間の分析ができる。こうした時代の研究は人類の歴史とも深く関わりがあるため、例え数万年前の現象であっても地質学的にはわりあい「最近」の出来事であるといえる。

上の写真は中東オマーンの露頭だ。アラビア半島はペルム紀後期から白亜紀後期（約2

億6000万年前~8000万年前）の期間、大陸棚として海の底に沈んでいたと考えられている。この露頭からは厚歯二枚貝と呼ばれる生物の化石が大量に発見される、というより厚歯二枚貝などの生物群集がそのまま化石化し、露頭になったという方が正しい。写真に写っているヘチマのような短柱状の生物がそれだ。この二枚貝は片方の殻が非常に発達した不等殻と呼ばれる構造をしており、ジュラ紀後期から白亜紀末期にかけて繁栄していた。

さてここで時代の単位が「数万」から「数千万」もしくは「数億」へと跳ね上がった。地層は常に時間に沿ってどこでも作られるものではない。地層ができるには種々の条件が必要であるし、堆積してもすぐ侵食によって失われてしまうこともある。最初に述べた新しい時代の地層も、いつまで保存されているかは不明である。海底の乱泥流と呼ばれる激しい流れで、地層が乱されてしまっていることもある。オマーンの露頭と化石も様々な条件により保存され、たまたま砂漠の中に残っていたものだ。こうした露頭を運よく見つけられたため、一億数千万年前の話ができるのである。つまり地球の歴史は連続して保存されているのではなく、スポットで残っているのだ。アメリカのグランドキャニオンなどは、数億年にわたって地層が観察できる顕著な例の一つだが、それでも途中の大きな地層がいくつか欠落している。

もっと深く知るには、どんな知識が必要か vol.4

次ページ上の写真は、**花崗岩**を砕いて鉱物を分離した様子である。花崗岩は石英《せきえい》や長石《ちょうせき》、雲母《うんも》などの集合体であることがわかる。石英とは二酸化珪素を成分としたガラス光沢のある鉱物、長石は様々な岩石に含まれていて地殻中に最も多く存在する鉱物、雲母は板状の結晶で薄く剥がれやすいのが特徴の鉱物だ。つまり岩石を知るには鉱物の知識も必要となる。このように地質学は様々な分野で構成されている総合的な学問だ。

本書では海洋底堆積物についても多く述べてきた。これをもっと詳しく知るためには海流などの海洋環境、温暖化や寒冷化などの気候変動に関する知識、微化石を扱うのなら微生物の知識も必要となる。

大学の地質分野に進んだ場合、学ぶことはより多岐に渡る。フィールドワーク一つとってみても、山の歩き方、露頭の観察の仕方、ルーペの使い方、地図の読み方、ハンマーとタガネの扱い方、熊に出会った際の対処方法などなどを学ぶ場合もある。

調査に帰れば実験が待っている。例えば薬品を使って岩石から微化石を分離する方法を

花崗岩を砕き、鉱物をそれぞれ分離したもの。岩石が鉱物の集合体であることが分かる（地質標本館第三展示室にて撮影）

学ぶ。軟らかい海底堆積物であれば、**フリーズドライ**処理で堆積物を分解し、中から化石を取り出す方法を教わる。また２０００年ごろまでは写真フィルムの現像方法を大学で教えることもあった。地質標本の写真を撮影、現像して、論文や目録を作る必要があったからだ。現在はデジタル一眼レフカメラで標本を撮影する方法や、複数枚の画像から立体計測をする方法などを教える試みを行っている。

　化石はただ取り出せばよいというものではなく、何の種類かを特定する必要がある。これを種の同定という。これを行うには文献を調べる必要があるし、その子孫にあたる生物を観察し、体の機能や行動を知る必要も出てくる。比較的新しい時代を研究するのであれば、人類史にも関わりが出てくるであろう。

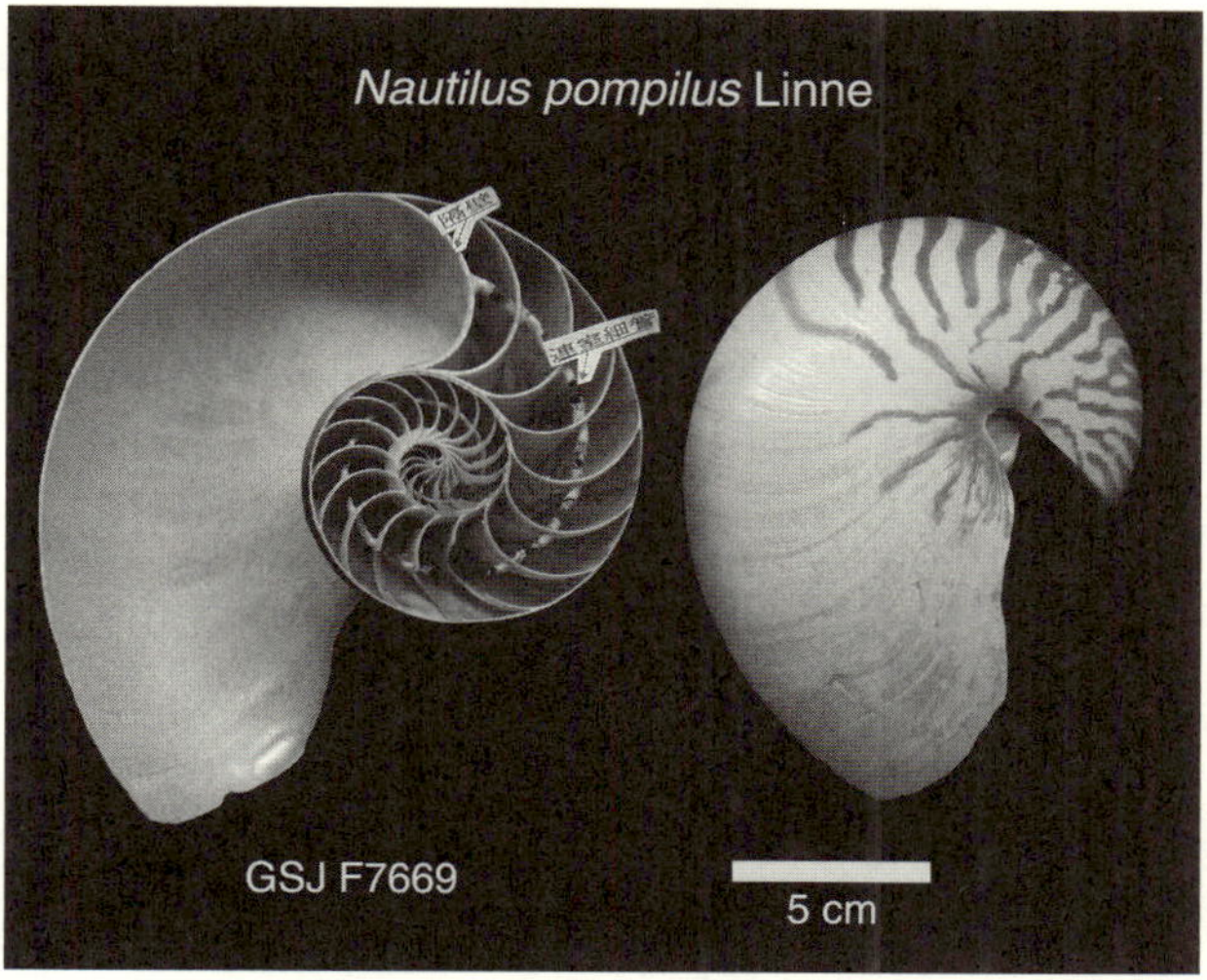

オウムガイの標本。化石を知るには現在の生物に関する知識も必要となる
（地質標本館登録標本 GSJ F7669）

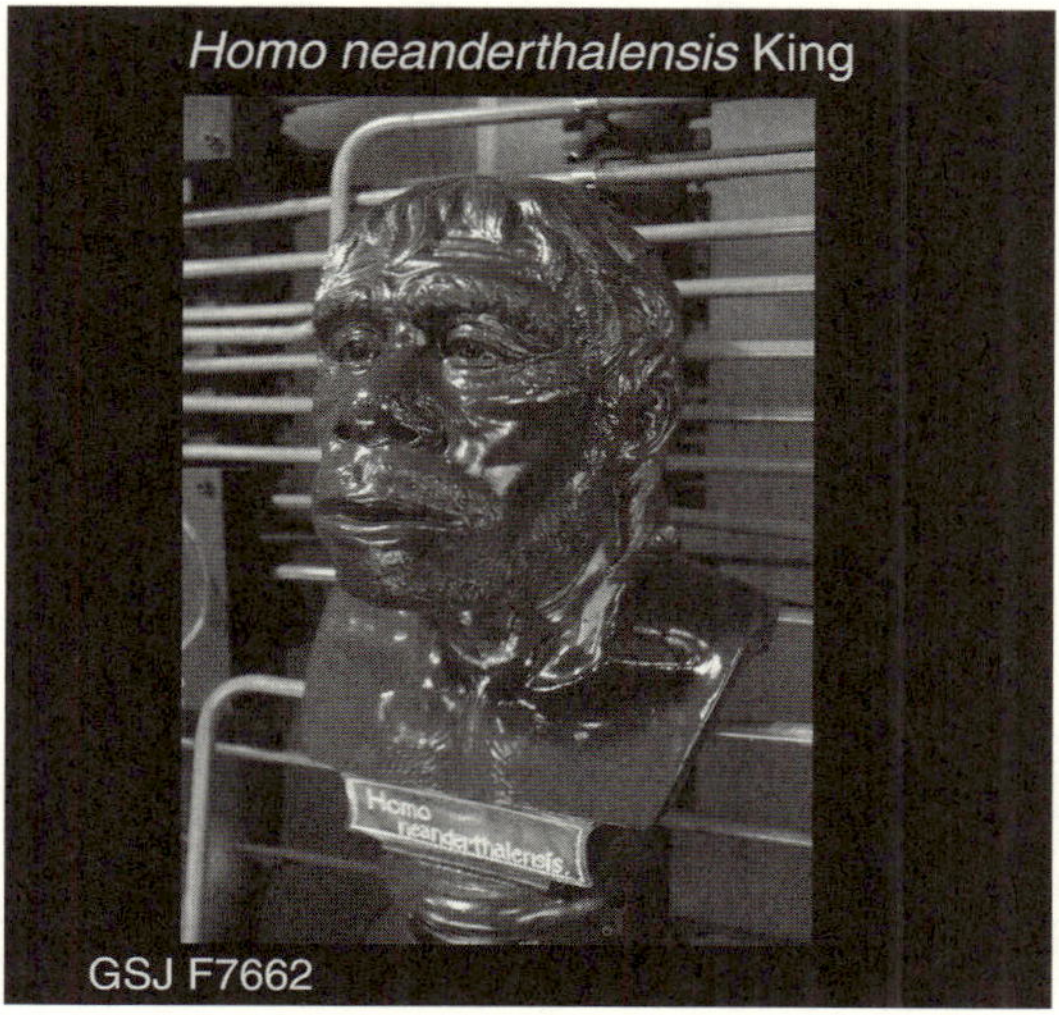

ネアンデルタール人の顔模型。人類史もまた地球の歴史の一部である
（地質標本館登録標本 GSJ F7662）

植物化石の研究者であれば、植物園に日々通って様々な樹木の葉を観察し、その特徴と生態について学んだりもする。

化石にも様々な時代のものがある。前ページ写真の**ネアンデルタール人**は、化石骨から遺伝情報の総体（ゲノム）を取り出すことに成功しており、現生人類との比較も行われている。これらは生物学、あるいは分子生物学の領域だ。ちなみに琥珀《こはく》に閉じ込められた蚊が吸っていた恐竜の血液から遺伝情報を取り出すという研究も以前は存在したが、残念ながら成功していない。いずれにしても生物学と古生物学の関係は深い。

測量の専門知識が求められる場合も多い。野外を調査して図面を作成するのに必要な技術だからだ。最近は地上測量とドローンによる空中測量などを組み合わせた現場測定も行われている。

オープンデータが一般的となり、大学や研究機関の地質情報に比較的容易にアクセスできる時代となった現在、パソコンによる製図の知識も必要だ。地質図もインターネットを通じて閲覧できるだけでなく、ベクトルデータと呼ばれるものをダウンロードして自分のパソコンで見ることもできる。閲覧にはＧＩＳと呼ばれるソフトが必要だが、依然としてこうしたソフトを使うには、データの構造や形式、地理座標、投影座標などの知識が必要となる。データを配信する各研究機関が提示する引用条件をよく理解して使うことも必要だ。

地質が報道されるときと、その情報の注意点

vol.5

地質情報は産業や文化史と関係が深いほか、防災とも関わりがあるため、慎重に読み解く必要がある。ここでは、報道によく登場する用語、あるいは博物館でよく質問される用語についてまとめてみた。

【地質年代表の「幅」とスケール】

この本の第四章で、地質年代表の図を掲載した。しかし、あの図は、各時代の上下関係が分かりやすいように便宜上、各時代の幅を変えたものであった。次ページに示した図で、改めて地球の年代を本来のスケールで見てみたい。

生命の大爆発が起きるカンブリア紀は5億4000万年前だが、このスケールでは年代表の上の部分に相当する。化石の情報が多く得られるのはカンブリア紀以降であるが、この年代表では全ての情報を表しきれない。そのため、新しい時代ほど幅を大きくとる表現が用いられることが多い。

我々が生きる新生代は恐竜が滅びた約6550万年前よりも新しい時代である。この図

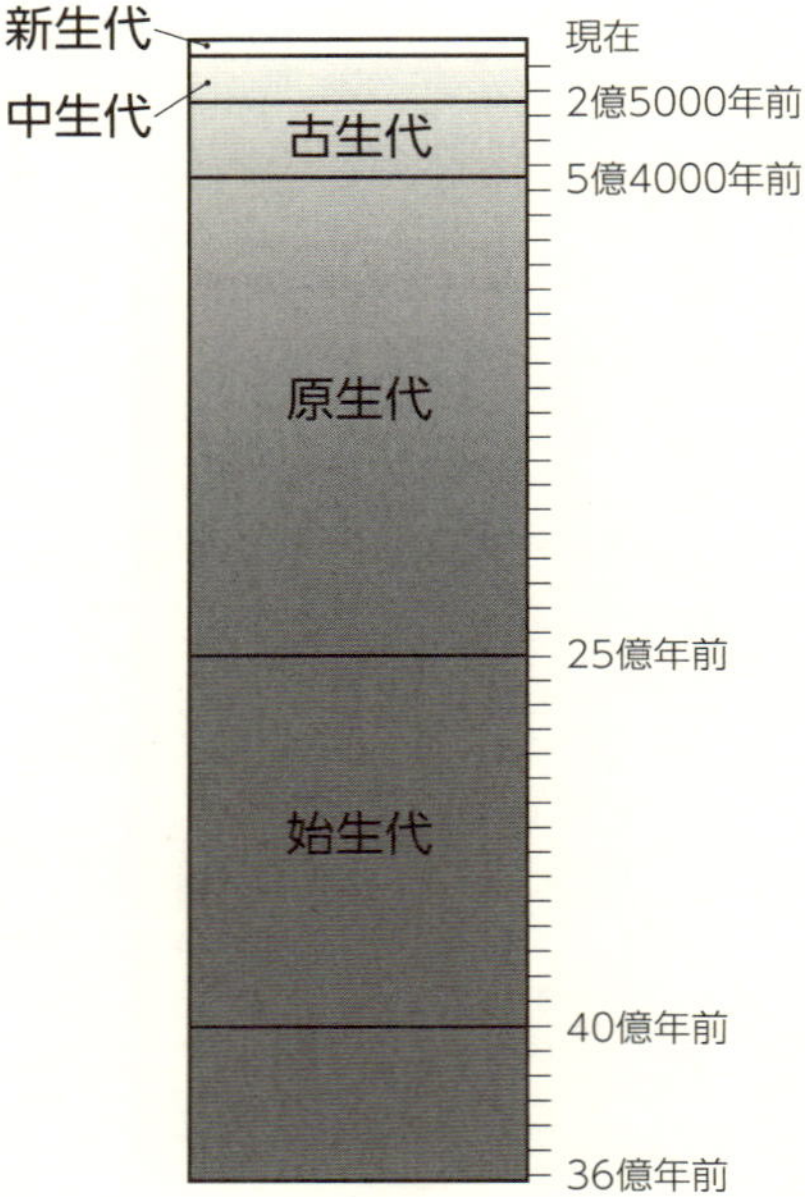

1億年ごとに目盛を入れたスケールの地質年代表

ではなんとか視認できる幅でしかない。ちなみに人類の祖先が直立歩行を始めたのが約４００万年前といわれる。我々と同じホモサピエンスが出現したのは約20万年前だ。これらの時代は、もはやこの年代表では表現できない。博物館での年代表が必ずしも本来の時間幅に沿って作られていないのは、こうした事情によるものだ。

【液状化とは？】

大きな地震に伴い発生しがちなのが**液状化**という現象だ。これは地面が液体のような挙動をすることである。１９６４年に起きた新潟地震ではアパートの建物が大きく傾き、一つはほぼ横倒しの状態となった。液状化が起こるのは埋め立て地の海岸、河川沿いの低地、昔の河川の跡、ため池の跡などである。こうした場所で地下の堆積物が水分を含んでいる

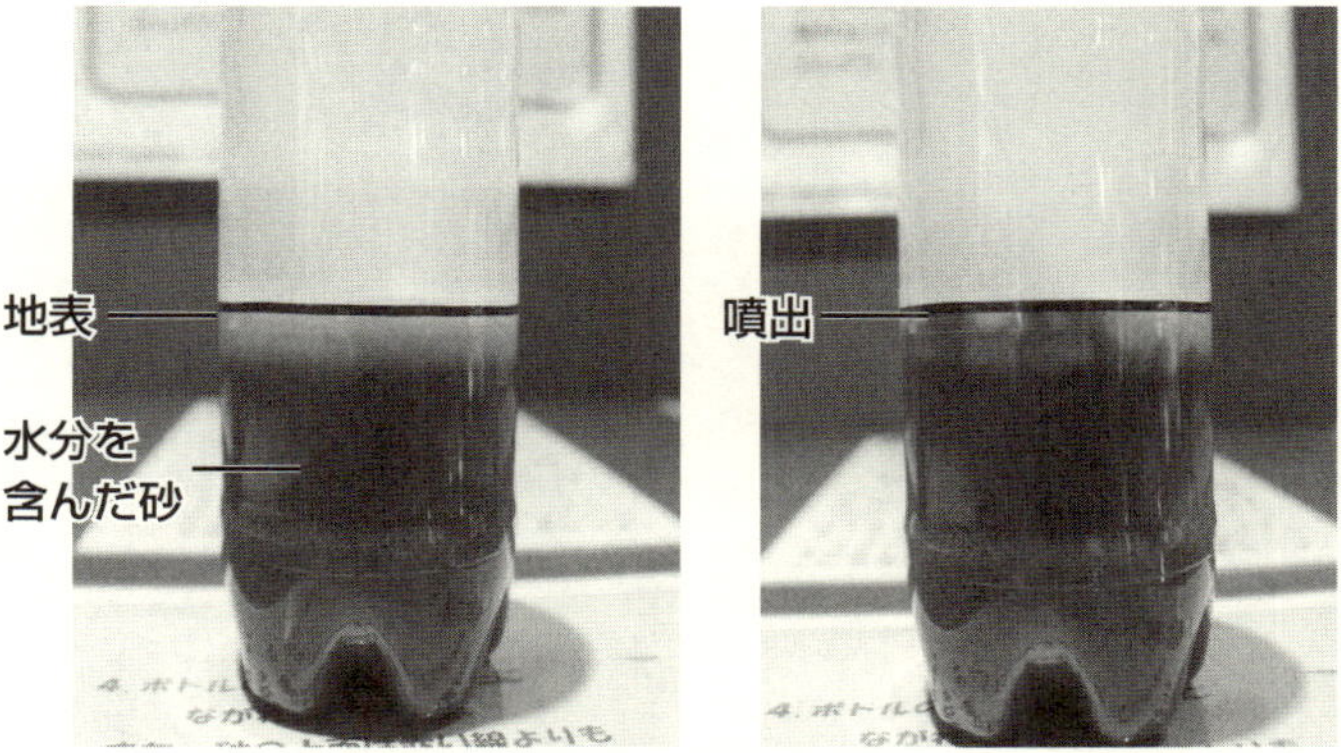

エキジョッカーによる噴砂の実験（兼子・宮地ほか (2006) による)。左：実験前の様子。水を満たしたペットボトルに地面と地層ができている。右：指ではじくと小さな地震が発生した状態となり、水分を含んだ砂の層が上の地層を突き破って噴出する

と、強い揺れを受けた際に、堆積物の粒子の間にある水に大きな圧力がかかる。すると普段は接している粒子同士が地下水の中に浮いているような状態が作り出され、地面全体が液体のようにふるまうのだ。液状化が起きると地盤沈下などが発生するほか、電柱が地面の中に沈み、逆にマンホールなどの軽い地中構造物は浮き上がることもある。また圧力の

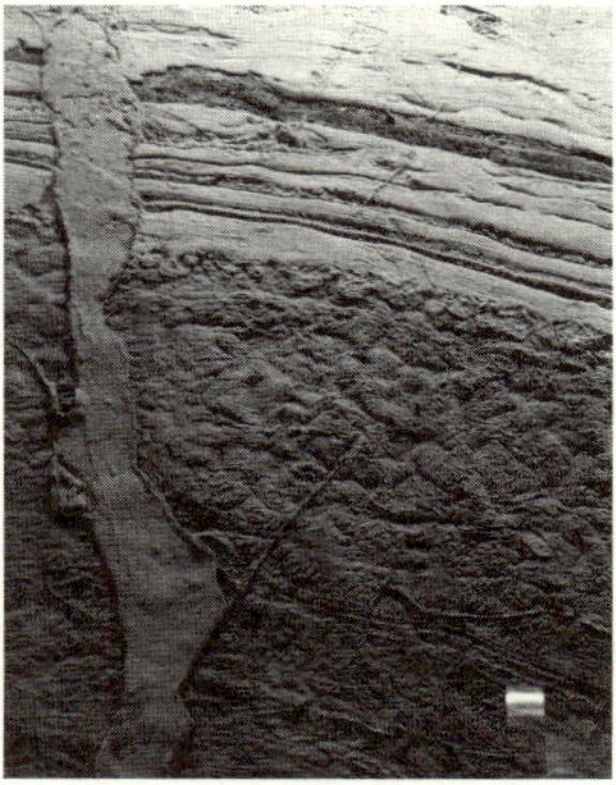

液状化に伴う噴砂の様子を記録した剥ぎ取り標本。左側に見えている縦方向の筋模様は砂脈と呼ばれ、砂を大量に含んだ地下水が上の地層を突き破って噴出する際の通り道だ。幅約 1m（地質標本館ロビーにて撮影）

かかった地下水が砂と一緒に地表面を突き破って噴出することもある。これを**噴砂**《ふんさ》と呼び、2011年の東日本大震災では千葉県浦安市にある遊園地の駐車場で発生した。

地質調査総合センターでは液状化が起きる様子を実験できる「**エキジョッカー**」を開発し、地質標本館で展示している（兼子・宮地ほか、2006）。砂が入ったペットボトルを指ではじいて小さな地震を起こすと、地盤沈下や噴砂現象を観察することができる。

【展示物の色？（恐竜の色？岩石の色？）】

博物館に展示してある化石の復元図や地質図の色についてもよく質問が寄せられる。恐竜の項目でも述べたが、古生物の体色については不明点がまだ多く、復元図や模型では想像で描かれている。ただし、ごく一部の恐竜に関しては色素の痕跡が見つかるなど、解明への手掛かりも見えてきている。

巻頭カラーページで示した地球の断面図も同様だ。地殻とマントル、核は、黄～赤系で描かれることが多いが、例えばマントル上部を構成する岩石の一つであるかんらん岩は淡い黄緑色～褐緑色だ。マントルの実体についても室内実験や深部地殻のボーリングなどを使った調査が進んでいるところだ。地質図の色も、岩石や地層の色をそのまま表現しているのではなく、便宜上塗り分けたものだ。例えば花崗岩は赤や桃色で、堆積岩は水色、青色、黄色などで表現される。また新しい時代のものほど淡く、明るく表現される。

参考文献●兼子尚知・宮地良典・納口恭明・有田正史・志波靖麿「粒子を用いた“動きと音の”地質の実験」『地質ニュース』（2006年2月号、p.37-38）

第6章

実は身近で大切な地質学

地球が生きていることが実感できる

vol.1

第一章では、東京の貝塚と貝化石や地形について地図を使って紹介した。第二章では化石の調査方法やそれによってわかる地球の環境、鉱物について、地球や天体の研究について述べた。第三章では火山について、第四章では地層や地形と海洋環境、そして第五章では改めて地質学の各要素について書いた。最後となる第六章ではこれまでの内容を踏まえた上で、改めて地球史や身の回りの地質について考えてみたい。

地質学や古生物学を学ぶことで、まず地球が生きていることが実感できる。具体的に言えば、地球が大きな循環システムであるということが分かるのである。

地球は様々な物質が循環している。太平洋プレートは中央海嶺で生み出されている。中央海嶺では南北の列状にマグマが発生しており、これが固まったものが東西に広がっていく。日本に近づいてくるプレートを太平洋プレートと呼ぶ。太平洋プレートは日本列島の陸側のプレートとぶつかり、沈み込んで地球内部へと戻っていく。プレートの動くスピードは年間で8㎝から10㎝程度。人間の爪が伸びる速度と同じくらいだ。

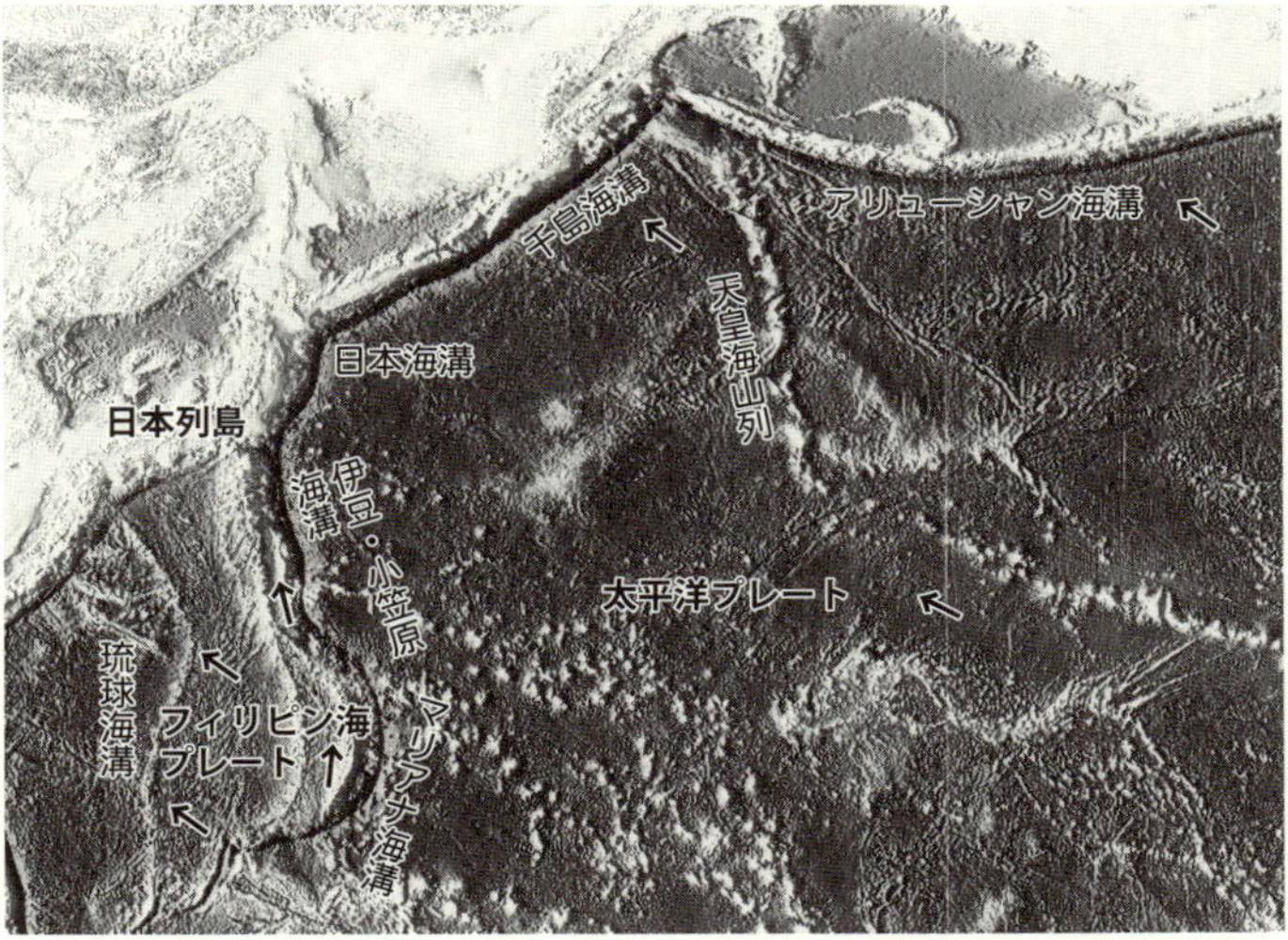

日本から太平洋にかけてのプレートの動きと、海溝・海山列。矢印はプレートの動くおよその方向

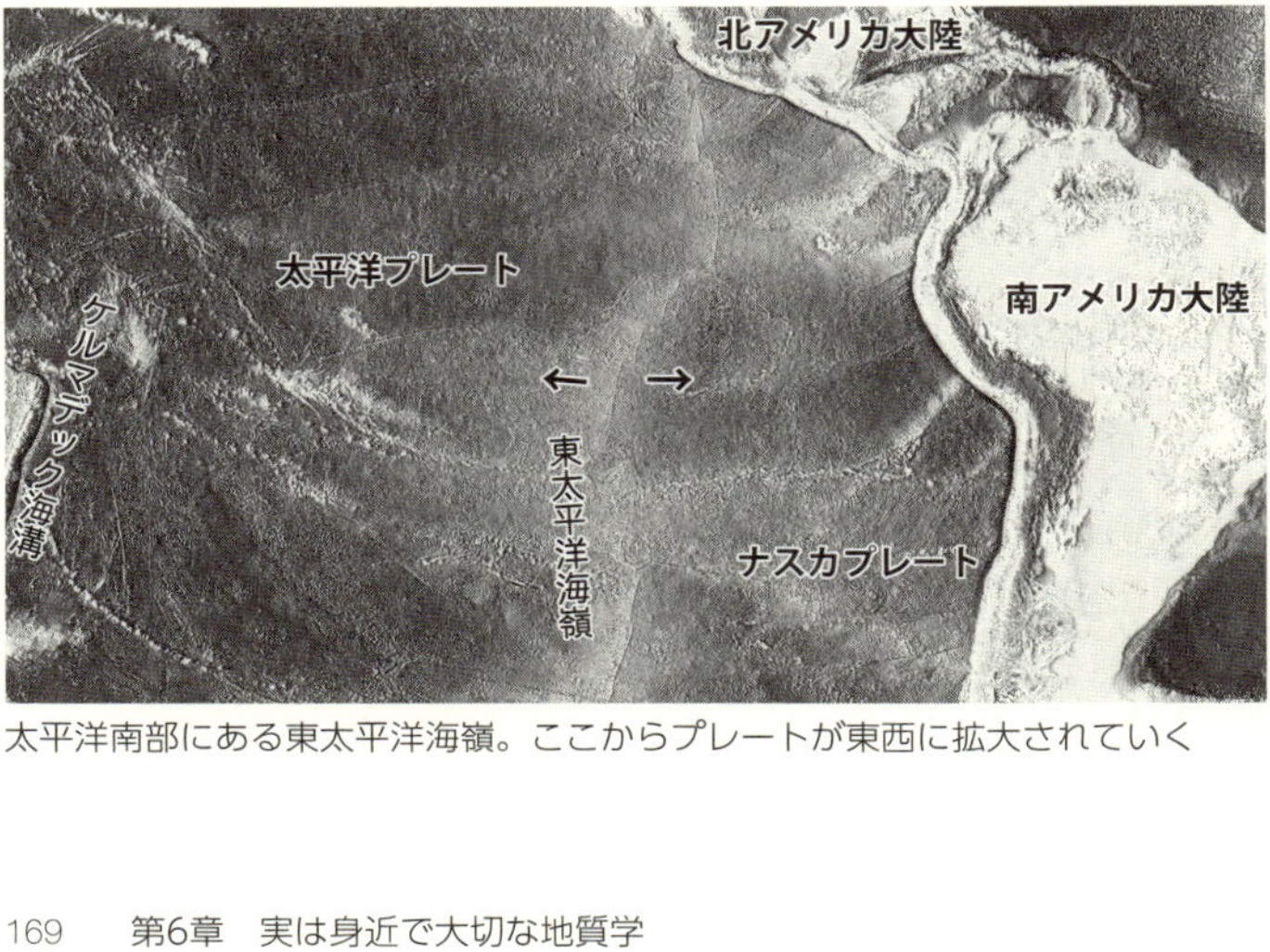

太平洋南部にある東太平洋海嶺。ここからプレートが東西に拡大されていく

また地殻の表層でも循環が起こっている。特に大規模なものが海洋循環だ。低緯度地域から高緯度地域に熱を輸送したり、あるいは深層から表層に栄養をもたらしたりする。このため深層水が湧昇する場所では良い漁場ができる。つまり気候変動など生物圏への影響も大きい。

そして生命もまた、長い時間の中で生息地を移動し、あるいは世代交代や進化を行うといった形で循環を行っている。こうした生物の分布を調べるのは古生物地理学の分野だ。地層の中から示準化石が見つかれば時代が分かる。示相化石を調べれば、当時の環境が分かる。新しい時代の地層であれば一年ごとに環境がどのように変化し、それが繰り返されたのかを知ることもできる。

地球深部のマントルの様子についてはまだ不明な点も多いが、深さ数十km〜約2900kmまでの範囲で下降したり上昇したりすることが分かっている。後者をホットプルームと呼び、特に大規模なものをスーパーホットプルームという。このスーパーホットプルームが地上にまで上昇してきた場合、非常に活発な火山活動が起こり、生物が大量絶滅する原因にもなると考えられている。地球史上最大規模であるペルム紀末期の大絶滅などがそれだ。

また地表の岩石も循環している。マグマが冷え固まると火成岩となる。これが水の侵食

オルドビス紀以降に栄えたカリメネと呼ばれる三葉虫化石を 3D スキャナによってデータ化し、3D プリンタで複製したもの。約 5 億年前の化石情報を現在のデジタル技術で再現したものである。ご本人の感想やいかに？（幅約 4cm）

などを受けて河川で運ばれて堆積し、固まると堆積岩となる。生物の遺骸も堆積物に埋まることがある。多くの遺骸は分解されて自然に帰るが、ごくまれに保存されることもある。こうした堆積物が地層となり、遺骸が化石となって、昔の環境や地球の循環についての情報を教えてくれる。言うなれば地層は過去の地球が残したビッグデータだ。そして現在、これらの情報は我々人類が最新のデジタル機器などを活用して分析を行っている。このように地球上におけるそれぞれの循環は無関係ではなく、互いに影響を及ぼしあっている様子が、地質学を学ぶことで理解できる。

天文学的スケールを理解できる

vol.2

「天文学的」スケールとは何だろうか。解釈は様々だが、ここでは巨大数を扱うスケールとしたい。巨大数とは時に指数を用いなければ表現できない大きな数のことだ。地質学は研究対象によって様々な時間スケールを実感することができる。その例について見ていこう。

前項では地球の様々な循環について述べた。例えば中央海嶺からプレートが動く現象、このスピードを年間10cmと仮定すると、１００万年でようやく１００km動く計算になる。対して海洋深層水の大循環は約２０００年かけて起きると考えられている。プレート運動と比較すれば短いスケールのようにも感じてしまう。ちなみに産業的な分類では、水深２００ｍよりも深い部分の海水は深層水であると分類されている。この分類だとほぼ全ての海水が深層水ということになってしまうが、海洋の表層から深さ数千ｍまでを深層循環している海水とは少し定義が異なるため注意が必要だ。

さて左の写真で示したものは**珪《けい》化《か》木《ぼく》**と呼ばれる化石で、スギ科の針葉樹だったと考えられているものだ。珪化木は樹木が地層に埋もれて化石化したもので、地下水に含まれる二酸化珪素が樹木の細胞壁や細胞中にしみ込み、それらの組織を置換してできると考えられている。北海道の美唄《びばい》炭山から発見された化石で、約４０００万年前のものだ。この珪化木は一部分だけが残ったものだが、木々が立ったまま地層に埋もれ、化石林となって発見されるケースもあり、石川県の手取川流域などに見られる。これも現地性の化石の一種といえる。

珪化木の一種。学名は *Taxodioxylon matsuiwa*（タクソディオキシロン　マツイワ）。後ろに写っているのは生きた化石と呼ばれるメタセコイア。地質標本館玄関前にて

珪化木の後ろに写っているのは**メタセコイア**だ。こちらもスギ科の一種で、もともとは植物学者の三木茂博士が化石標本から名付けたものだ。すでに地球上から絶滅したと考えられていたが、中国の四川省で自生しているのが発見され、生きた化石として話題となった。４０００万年前の

珪化木と現在の生きた化石とが博物館の前で邂逅しているわけである。

左ページ上の写真は2億年前の植物化石で、山口県の美祢《みね》市に分布する桃ノ木層という地層から発見されたものだ。桃ノ木層からはトクサやイチョウなど１００種類以上の植物化石が発見されており、当時の環境復元に役立っている。この標本だけでも5種類以上の植物が密集している。恐竜発掘の際にも上下の地層から植物化石が発見されることが多い。もともと植物は古生代のはじめころまでは藻類として水中で生活していた。しかしオルドビス紀からシルル紀の間に、動物に先駆けて陸上へ進出したと考えられている。

左ページ下の写真は**シーラカンス**の化石レプリカで、中生代白亜紀前期のものだ。シーラカンスが出現したのは古生代のデボン紀とされるが、20世紀までは化石種しか知られていなかった。しかし１９３８年に南アフリカで現生のものが発見され、その後インド洋やインドネシアでも発見された。メタセコイアと同様、生きた化石である。彼らの存在は、数億年にわたる生物の歴史と我々の生きる現在とが確かにつながっていることを実感させてくれる。まさに億年単位のスケールを体現しているのだ。

なお地質年代表には「**Ｍａ**」という文字が併記されることが多い。これは百万年前を表す時間の単位で**エムエー**と読む。Mega annum の略、annum とはラテン語で年のことを表す。例えば１億年前であれば１００Ｍａとあらわす。

参考文献●地質調査総合センター公式サイト（用語解説）https://gbank.gsj.jp/geowords/glossary/timescale.html ／産業技術総合研究所 地質標本館編『地球図説アースサイエンス』（誠文堂新光社、2006）

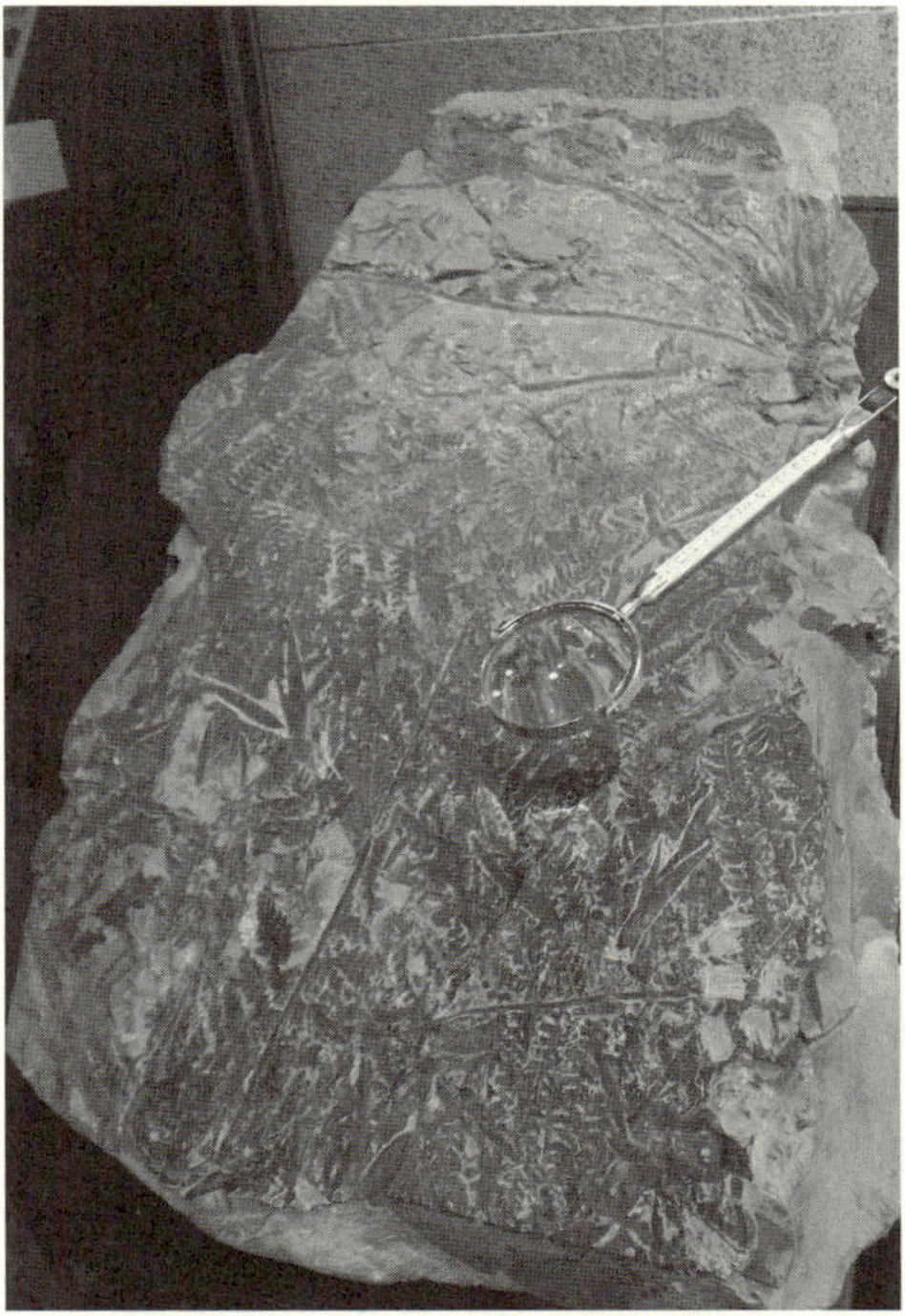

二億年前の植物化石。全長約 1.5m。（地質標本館登録標本　GSJ F12890）

シーラカンスの化石レプリカ。全長約 1m（地質標本館第四展示室にて撮影）

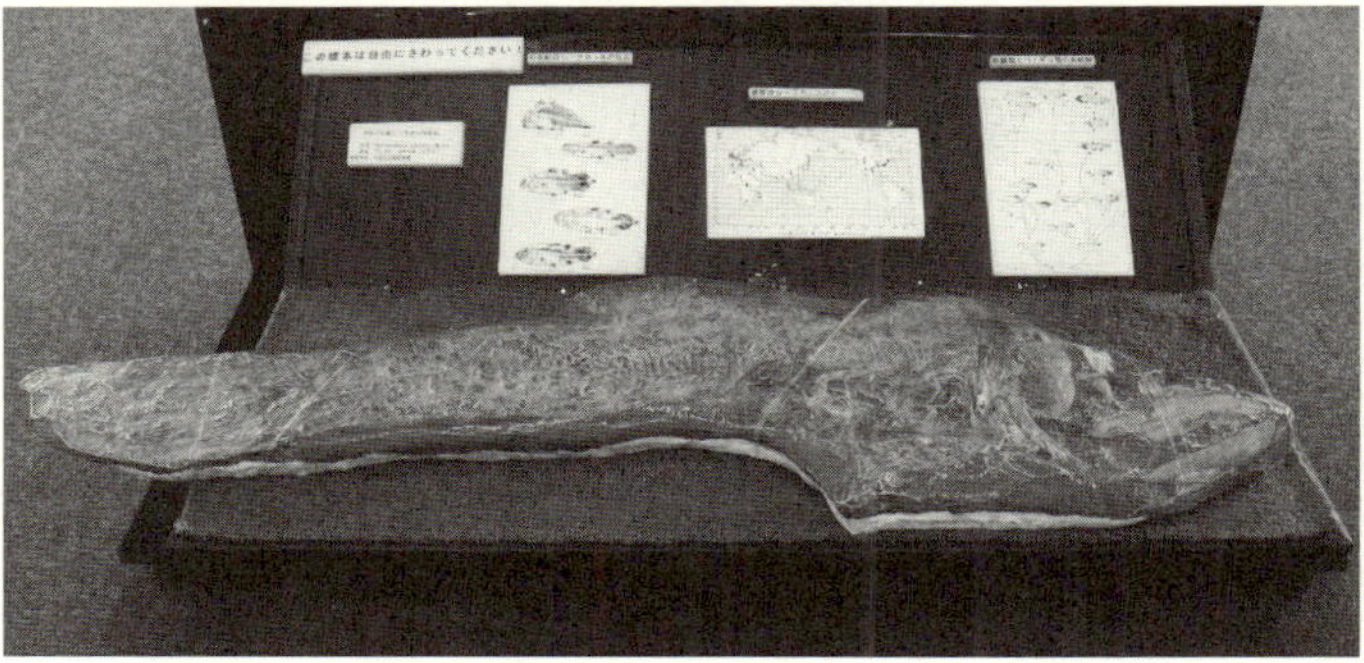

身の回りにある地形や生物相と地質 vol.3

今、「地元学」や「地域学」という概念が浸透しつつある。その地域の自然や人、歴史や暮らしの成り立ち、災害史などについて研究し、地域の発展と次世代の育成につなげる考え方だ。ジオパークにおけるジオサイトの解説も地域の学習に広く活用されている。自分の地域のジオと文化を知ることは、故郷の文化や強みを再発見することにもつながる。

例えば福井県勝山市にある恐竜渓谷ふくい勝山ジオパークでは、多様な地質を生かして様々な時代のジオサイトが設定されている。同県から産出する恐竜化石の発掘地や、中生代より後の時代の岩石などだ。左ページ上の写真はジオサイトの一つ、大矢谷白山《おおやだにはくさん》神社の境内にある巨大岩塊だ。約3～4万年前に経ヶ岳という火山が崩壊して流れ落ちてきたものとされる。経ヶ岳の岩塊は市内のあちこちに残っており、左ページ下の写真のように畑の中などにも点在する。これらは伏石《ぶくいし》と呼ばれ、地名の由来にもなっている。勝山市の中心地市街には七里壁と呼ばれる高さ5m～6mの壁が南北に20km以上にわたって走っている。これは九頭竜《くずりゅう》川の**段丘崖**《だんきゅうがい》を利用したものだ。九頭竜川の右岸には二段あるいは三段の

大矢谷白山神社の境内にある巨大岩塊

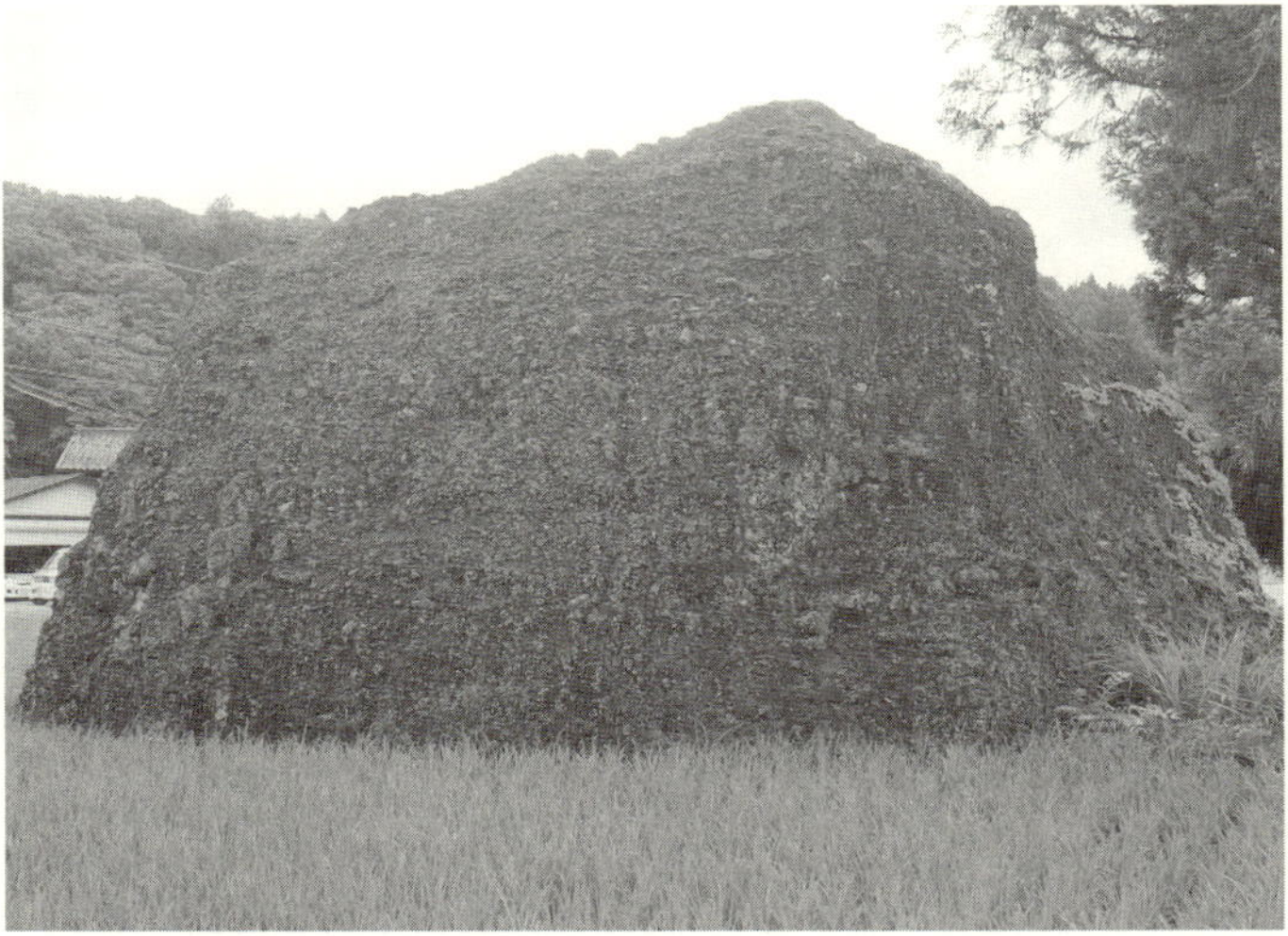

市内の各所にある伏石。写真のものは幅約 10m

河岸段丘《かがんだんきゅう》があり、かつては高い段丘面に武家屋敷が、低い段丘面に町屋や寺院が配置され、城下町となっていた。また最も低い段丘面からは湧水が湧き出ており、大清水と呼ばれていた。昭和30年代までは生活用水として広く利用されていたという。

この本で何度か紹介してきた筑波山も、その生物相と文化史には地質が大きく影響している。同地域は２０１６年にジオパークとして認定を受けたばかりだ。筑波山の山頂から中腹を形作るはんれい岩は約７５００万年前に、山麓の花崗岩は６０００万年前に形成されたと考えられている。はんれい岩は旧家の石垣などに利用されている。花崗岩は風化して真砂土という土になるが、これが大雨の際などにはんれい岩の巨礫などとともに、土石流を発生させることがある。こうして作られたのが筑波山の広くなだらかな裾野だ。

筑波山の岩石が石材として使われていることはすでに述べたが、花崗岩が風化してできた粘土も笠間焼という焼き物の原材料として利用されている。また筑波山の湧水は日本酒の仕込み水としても利用されている。

筑波山の中腹や山麓では、ブナ科の広葉樹であるスダジイや、クスノキ科のタブノキといった樹木がみられる。これらの樹木は本来、温暖な海の近くで見られることが多い。今から約７０００年前の縄文海進時には現在よりも海岸線が内陸にあったため、これらの木々が筑波山地域にまで分布したと考えられている。筑波山の脇を流れ、霞ヶ浦へと注ぐ

鬼怒川ダム統合管理事務所公式サイト http://www.ktr.mlit.go.jp/kinudamu/kinudamu_index005.html

桜川の周囲には桜川低地が広がっている。その西側には筑波台地が広がっており、筑波研究学園都市はこの台地上に発展した。

栃木県にある川治ダム。キャットウォークでダムの中腹を歩くことができる（写真提供：国土交通省三橋さゆり氏）

各地のダムをめぐる**ダムツアー**も人気を博している。ダムの管理事務所で配布しているダムカード、ダムの構造を模した料理であるダムカレーなど、各所に人を呼び込む工夫がなされている。いわゆる**インフラツーリズム**だが、ダムはその場所の地質や地形とも関係が深い。地質断面図やボーリングコアなどが展示されている場合もある。例えば写真は栃木県の日光市にある川治《かわじ》ダムだ。**アーチ式コンクリートダム**と呼ばれる構造で、ダムの水圧をアーチ状に作ったコンクリートで受け止め、周囲の岩盤に分散させる仕組みとなっている。

参考文献●恐竜渓谷ふくい勝山ジオパーク公式サイト http://www.city.katsuyama.fukui.jp/geopark/　筑波山地域ジオパーク公式サイト http://tsukuba-geopark.jp/

災害時の情報と地質

vol.4

災害時に入手できる情報についてまとめてみよう。地震の情報は**気象庁**の公式ホームページから最新のものが発信されている。地震だけでなく津波や台風、火山の噴火警報や降灰予報、海上警報に関する情報も入手できる。

国土交通省が公開している**ハザードマップ**も有効だ。被害予測地図とも呼ばれ、自然災害による被害の予測範囲を地図上に表したものだ。洪水や土砂災害、津波などの情報が得られる。

消防機関等の対応状況については**総務省**のサイトで閲覧できる。災害復興支援などの情報も掲載されているほか、過去の災害のアーカイブ映像や、体外式除細動器（ＡＥＤ）の情報などもある。

またつくば市にある**防災科学技術研究所**では**Ｈｉ－ｎｅｔ**と呼ばれる高感度地震観測網のデータを公開している。これは日本各地の地震観測点で観測された揺れをデータ化し、コンピュータで自動処理して震源の位置や地震規模の推定を行うものだ。同研究所では一年ごとの震源分布3DモデルをVRMLというデータ形式で配信している。

災害時だけでなく、平時から地震などについて知識を深めることも重要だ。写真で示したものは、**地質標本館**ロビーの天井にある日本列島周辺の震源分布図である。日本の形が裏返しになっており、その下に白い球体とランプが吊り下げられている。これは1847年から現在までの間に発生した地震の震源分布を現しており、それらを地下100kmから見上げた様子だ。太平洋側と日本海側で発生した地震の密度が分かるほか、二階から観察すれば震源分布の東西断面が太平洋から内陸部に向けて斜めに傾いている様子も分かり、プレートの沈み込みの角度を体感することができる。一階のモニタではそれぞれの地震のデータや画像が表示されるほか、被害地震の位置を示したランプを点滅させることもできる。

日本列島周辺の震源分布（地質標本館ロビーにて撮影）

参考サイト●気象庁公式サイト（防災情報）http://www.jma.go.jp/jma/menu/menuflash.html　国土交通省ハザードマップポータルサイト https://disaportal.gsi.go.jp/　防災科学技術研究所（Hi-net）http://www.hinet.bosai.go.jp/?LANG=ja

日本の災害に詳しくなる

vol.5

地震、火山、台風、水害。災害史にはそのどれもが含まれる。参考までに地質標本館の被害地震の情報検索システムが網羅する地震の一部を挙げてみよう。このシステムでは地震の発生年月日、震源の緯度・経度・深さ・マグニチュード、地震のタイプ、死者・行方不明者の数や被害状況、関連する活断層、被害状況等の関連写真や新聞記事などを検索することができる。

年月日	地震名	マグニチュード
1847.05.08	善光寺地震	7.4
1854.07.09	伊賀上野地震	7.3
1854.12.23	安政東海地震	8.4
1854.12.24	安政南海地震	8.4
1855.11.11	安政江戸地震	6.9
1872.03.14	浜田地震	7.1
1891.10.28	濃尾地震	8.0
1894.10.22	庄内地震	7.0
1895.1.18	霞ケ浦付近での地震	7.2
1896.06.15	明治三陸地震津波	8.5
1896.08.31	陸羽地震	7.2
1921.12.8	竜ヶ崎付近の地震	7.0
1923.09.01	関東地震	7.9
1925.05.23	北但馬地震	6.8
1927.03.07	北丹後地震	7.3

1930.11.26	北伊豆地震	7.3
1933.03.03	昭和三陸地震	8.1
1939.05.01	男鹿地震	6.8
1943.09.10	鳥取地震	7.2
1944.12.07	東南海地震	7.9
1945.01.13	三河地震	6.8
1946.12.21	南海地震	8.0
1948.06.28	福井地震	7.1
1952.03.04	十勝沖地震	8.2
1964.06.16	新潟地震	7.5
1968.05.16	十勝沖地震	7.9
1974.05.09	伊豆半島沖地震	6.9
1978.01.14	伊豆大島近海での地震	7.0
1978.06.12	宮城県沖地震	7.4
1983.05.26	日本海中部地震	7.7
1984.09.14	長野県西部地震	6.8
1993.01.15	釧路沖地震	7.8
1993.07.12	北海道南西沖地震	7.8
1994.10.04	北海道東方沖地震	8.1
1994.12.28	三陸はるか沖地震	7.5
1995.01.17	兵庫県南部地震	7.3
2000.10.06	鳥取県西部地震	7.3
2001.03.24	芸予地震	6.7
2003.09.26	十勝沖地震	8.0
2004.10.23	新潟県中越地震	6.8
2005.03.20	福岡県西方沖地震	7.0
2005.08.16	宮城県沖での地震	7.2
2007.03.25	能登半島地震	6.9
2007.07.16	新潟県中越沖地震	6.8
2008.06.14	岩手・宮城内陸地震	7.2
2009.08.11	駿河湾の地震	6.5
2011.03.11	東北地方太平洋沖地震	9.0

宝石、絵の具…身の回りの地質と関わりのあるもの

vol.6

我々の身の回りには地質と関係した品物が多い。例えば学校で黒板に字を書くチョークは、現在では工場で生産されているが、かつては天然の岩石から切り出して使われていた。**チョーク**は有孔虫や円石藻などの炭酸カルシウムが主成分だ。天然のものは化石が含まれていることも多い。

宝石や貴石は鉱物でもある。ダイヤモンドはその代表格だが、そのほかにも左ページの写真で示した**ルビー**や**サファイア**などがある。ルビーは赤色、サファイアは青色だが、鉱物としては同じで**コランダム**（鋼玉）と呼ばれる。化学式はAl_2O_3だ。本来は無色だが、不純物としてクロム（Cr^{3+}）が入ると赤色のルビーに、鉄（Fe^{3+}）とチタン（Ti^{3+}）が入ると青色のサファイアになるとされる。

P.187の写真にある**ガーネット**は一月の誕生石としても有名だ。ざくろ石とも呼ばれる。ガーネットはある種の花崗岩や各種の変成岩に広く産出する鉱物である。筑波山にあるペグマタイト中にもガーネットが見られる。ペグマタイトとは結晶の大きな火成岩のこ

左：ルビー、右：サファイア。写真幅約 10cm（合成品、地質標本館第四展示室にて撮影）

とで、花崗岩質のものが多い。
　その下の写真は**ラブラドライト**（曹灰長《そうかいちょう》石《せき》）の標本だ。光を当てると淡い虹色を示す性質がある。これはイリデッセンス（遊色効果）と呼ばれるもので、結晶構造などにより光が乱反射して発生する。貝殻の内側やオパールの表面などでも見られる現象だ。
　日本画の材料として使われる岩絵の具も、様々な鉱物を砕いて作られている。例えば孔雀石やラピスラズリなどだ。水に溶けないため、膠《にかわ》で固着させて使用する。
　日本の産業を支えてきた**石炭**も植物化石の一種である。植物の遺骸が湖や海などの底に堆積したあと、続成作用によって変質したと考えられている。石炭にも様々な種類があり、石炭化度と呼ばれる炭素の濃縮度によって分類される。石炭化度の高い方から**無煙炭**・**瀝青炭**《れきせいたん》・**亜瀝青炭**・**褐炭**に分類され、瀝青炭が最も多産する石炭である。石炭は石油や天然ガスと比較して埋蔵量が多く、また世界中に偏りなく存在するのが特徴である。現在でも火力発電や製鉄などの工業分野では広く利用されている。石炭紀という時代名も、この時代の地層から石炭が多く産出することに由来する。当時は非常に大規模な森林があったためではないかと考えられている。

石油や天然ガスも石炭と同様、化石燃料の一種だ。石油は、地層の項目で解説した背斜構造の部分に、水とともに集積していることが多い。これを探り当てるためにボーリング調査や地震波による探査を行うこともある。**オイルシェール**も合成石油を作り出すのに利用される。こちらは油頁岩《ゆけつがん》と呼ばれ、昔はそのまま燃やして利用したこともあったようだ。

文房具はどうであろうか。岩石の項目で取り上げた頁岩は書道に使う硯《すずり》の原料として使われてきた。頁岩の中でも特に緻密なものが好まれるという。鉛筆の芯の材料として使われているのは石墨《せきぼく》という鉱物で、**グラファイト**とも呼ばれる。接触変成岩、もしくは変成作用を受けた石炭の中などに産する。現在、日本で使われているものは、中国やブラジルから輸入したものだ。鉛筆を最初に使った人物の一人と目されるのは、コンラート・ゲスナーというドイツの研究者である。ゲスナーは博物学者であり、岩石や化石の記載やスケッチを行う際に使用していたという。地質学との縁を感じるエピソードだ。

参考文献●奥山康子「－１月　ガーネット－」『誕生石の鉱物科学』（GSJ 地質ニュース Vol. 3 No.1、2013 年）／北山研二（編）「文化表象のグローカル研究－研究成果の中間報告－」（成城大学研究機構グローカルセンター、2013 年）

ガーネット。写真幅約 5cm（筆者所蔵）

ラブラドライト。写真幅約 10cm（曹灰長石、筆者所蔵）

謝辞

国立研究開発法人産業技術総合研究所、地質調査総合センターの中島　礼博士にはトウキョウホタテの写真をお借りし、また同化石の産状および東京都内の地層の情報に関してご指導いただいた。同研究所、地質標本館館長の藤原　治博士、および川鈴木　宏室長には、標本データベースや館内撮影写真の引用形式について詳細なアドバイスをいただいた。元地質標本館副館長の酒井　彰博士にはコノドントの電子顕微鏡写真をご提供いただいた。元地質調査総合センターの小笠原正継博士にはオマーンで採取されたかんらん岩の試料を、また地質標本館名誉館長の青木正博博士にはその写真データをお借りした。日本ジオサービス株式会社代表取締役の目代邦康博士には、三浦半島にある軽石層の露頭写真をお借りした。神戸大学の大串健一博士には、船上調査の写真をご提供いただいた。日本大学文理学部の村瀬雅之博士にはサーベルタイガーの頭骨レプリカ標本写真の掲載についてご快諾いただいた。国土交通省の三橋さゆり氏、および関東地方整備局の皆様にはダムツアーに際して現地でご指導いただいたほか、三橋氏からは川治ダムの写真もご提供いただいた。オマーンのSheikh Mohammed Saud Bahwan 氏には、現地での調査に際して多大なご支援を賜った。メディアアートを手掛ける空想技術研究所には、急なご依頼にも関わらず図版の製作に尽力いただいた。また福井県立高志高校時代の恩師であり、現福井工業高等専門学校の安野敏勝氏には、在学当時からの記録を掲載することについてご快諾いただいた。福井市自然史博物館特別館長の吉澤康暢氏には、「県の石」資料収集の折、笏谷石の岩石サンプルと資料をご提供いただくなど、ご尽力を賜った。実業之日本社の磯部祥行編集長には、本書の企画段階から執筆時に至るまで、数々の貴重なアドバイスを頂戴した。以上の方々にこの場をお借りして深謝申し上げます。

●柴田正輝・尤 海魯・東 洋一, 2017. 日本の恐竜研究はどこまできたのか？:東・東南アジアの前期白亜紀恐竜フォーナの比較. 化石, 101, 23-41.
p. 16「東京で恐竜の化石は出るの」
●芝原暁彦・利光誠一, 2016. 高詳細写真計測による化石標本の 3D 計測および展示手法. 日本古生物学会第 164 回例会.
p.66「化石からわかるのはその生物のことだけじゃない」
●芝原暁彦, 2014. 化石観察入門：様々な化石の特徴、発掘方法、新しい調べ方がわかる. 誠文堂新光社.
p. 152「地学の人たちは何を研究している？」
●須藤 茂, 2004. 降下火山灰災害 - 新聞報道資料から得られる情報. 地質ニュース, 604, 41-65.
p. 82「火山灰からわかることと～」
●日本地質学会, 2017. はじめての地質学―日本の地層と岩石を調べる. ベレ出版.
p. 28 「関東ローム層とは」の項目
●藤山家徳・浜田隆士・山際延夫, 1982. 学生版日本古生物図鑑. 北隆館.
p. 15「東京で発見された化石が語る～」
●内田洋平・吉岡真弓, 2013. 地中熱ポテンシャルマップの作成. 産総研 TODAY, 13(9), 8.
p. 142「地面はどれくらい掘ると熱くなる？」
● Shibahara, A., Ohkushi, K., Kennett, J.P., Ikehara, K. (2007) Late Quaternary changes in intermediate water oxygenation and oxygen minimum zone, northern Japan: A benthic foraminiferal perspective. Paleoceanography, 22, PA3213, doi:10.1029/2005PA001234.
p. 25「貝塚はなぜ陸地にあるの？」

〈参考文献〉

●越前市 , 2012. 越前市史　資料編 24　明治維新と関義臣 .
p. 36「東京に坂が多いのはなぜか？」
●岡本　隆 , 1984. 異常巻アンモナイト Nipponites の理論形態 . 化石, 36, 37-51.
p.66「化石からわかるのはその生物のことだけじゃない」
●小笠原正継・青木正博・芝原暁彦・澤田結基 , 2012. 砂漠を歩いてマントルへ - 中東オマーンの地質探訪 -. 地質調査総合センター研究資料集 , 559.
p. 90 「火山がそこにあるのも理由がある」
●奥山康子 , 2013. 誕生石の鉱物科学　―1 月　ガーネット―. GSJ 地質ニュース , 3, no.1, 31-32.
p. 192「宝石、絵の具・・・身の回りの地質とかかわりのあるもの」
●兼子尚知・宮地良典・納口恭明・有田正史・志波靖麿 , 2006. 粒子を用いた " 動きと音の " 地質の実験 , 地質ニュース , 618, 37-38.
p. 176「地質が報道されるときと～」
●斎藤 眞・下司 信夫・渡辺 真人・北中 康文 , 2012. 日本の地形・地質－見てみたい大地の風景 . 文一総合出版 .
●佐脇貴幸・水垣桂子, 2005. 地熱資源と地熱発電・地中熱利用, 千葉近辺の温泉. 地質ニュース , 605, 29-32.
p.142「地面はどれくらい掘ると熱くなる？」
●産業技術総合研究所 地質標本館編 , 2006. 図説 アースサイエンス . 誠文堂新光社 .
p. 100「日本の歴史における火山活動」
p. 184「天文学的スケールを理解できる」
●産業技術総合研究所地質調査総合センター (編), 2015. 20 万分の 1 日本シームレス地質図 .

著 者　**芝原暁彦**（しばはら・あきひこ）

地球科学可視化技術研究所 CEO。古生物学者、理学博士。1978年福井県出身。18歳から20歳まで福井県の恐竜発掘に参加し、その後はベーリング海やオマーンなどで化石調査を行う。筑波大学で博士号を取得後は、産業技術総合研究所で化石標本の3D計測やVR展示、博物館用3Dプロジェクションマッピングの研究開発を行った。2016年にはこれらの技術をもとに、産総研発ベンチャー「地球技研」を設立し所長に就任。「未来の博物館を創る」を研究テーマに、国内外へ向けて地学情報を発信している。2017年から明治大学サービス創新研究所の研究員を兼任、また東京地学協会、日本地図学会の各委員を務める。
おもな著書に『化石観察入門』、『薄片でよくわかる岩石図鑑』（共著／誠文堂新光社）、監修書に『世界の恐竜MAP』（エクスナレッジ）など。

※本書は書き下ろしオリジナルです。

じっぴコンパクト新書　341

JIPPI Compact

地質学《ちしつがく》でわかる！
恐竜《きょうりゅう》と化石《かせき》が教《おし》えてくれる世界《せかい》の成《な》り立《た》ち

2018年1月10日　初版第1刷発行

著　者…………………芝原暁彦
発行者…………………岩野裕一
発行所…………………株式会社実業之日本社
〒153-0044 東京都目黒区大橋1-5-1 クロスエアタワー8階
電話（編集）03-6809-0452
　　（販売）03-6809-0495
http://www.j-n.co.jp/
印刷・製本…………大日本印刷株式会社

ISBN978-4-408-33761-6（第一趣味）